NEST BOX

図解 巣箱のつくり方かけ方

IIDA Tomohiko

飯田 知彦

創森社

シジュウカラの生息地域はなかり幅広い

巣箱は鳥のゆりかご～序に代えて～

鳥たちにとっての巣とは、人間が持つ概念である家（home, house）とは大きく異なるものです。

大多数の人たちは、鳥たちは巣を人間の家のように使っており、毎日、日の出とともに巣で起きて巣から出て餌を探しに行き、夜になると巣に帰ってきて巣の中で寝るものだと思っています。しかし、鳥たちのなかで巣をそのように使っている種類は、ほとんどいないのです。

＊

鳥たちは巣をつくっても、ほとんどの場合、産卵、抱卵《ほうらん》（親鳥が卵を抱えて温める）や育雛《いくすう》（卵からかえした雛を育てる）など繁殖（生殖により個体数を増やす）のとき以外は巣には帰らないのです。ほとんどの種類で、巣は1回の繁殖期に1回しか使わず、翌年の繁殖期に使用することはありません（巣材を再利用しての繁殖の場合や、ねぐら（寝るための場所）としての使用の場合、猛禽類などを除く）。

つまり、鳥たちにとっての巣とは、簡単にいうと「卵や幼い雛は移動できないため、一時的に設けている使い捨ての場所や空間」であるといえます。そのため、鳥たちは、基本的には卵や幼い雛を持つとき以外は、巣や巣箱を利用しないのです。鳥の

もっともよく巣箱を利用するシジュウカラ

巣とは、人間でいうところの家ではなく、せいぜい繁殖を手助けする産院やゆりかご、乳母車《うばぐるま》、ベビーカーにあたるものなのです。

ちなみに夜に関していえば、ほとんどの鳥たちは夜も巣に帰ることはなく、風の当たらない茂みなどにもぐり込み、木の枝などに止まったまま眠ります。寒くなる真冬などには、一時的に樹洞《じゅどう》（木のうろ、穴）や巣箱などに入る種類もありますが、その場合も巣としての使用ではなく、一時的にねぐらとして利用しているだけです。

＊

さて、巣箱を勝手気ままに自由につくってもよいと思われるかもしれませんが、じつは巣箱は鳥の種類によって適正な大きさ、構造があります。本書では、これまでの鳥が繁殖する巣穴の研究、調査などをふまえ、わたし自身が三十数年来取り組んできた研究、調査結果をもとに普遍的な数値を導きだしています。とくに、小鳥用巣箱をつくるさいに知っておきたいのは、つぎに述べる巣箱利用の鳥の種類についてです。

- **小鳥用巣箱で繁殖する鳥は、樹洞繁殖性の種類に限られる**
- **通常、小鳥用巣箱で繁殖する鳥の種類はシジュウカラ、ヤマガラ、スズメ、ムクドリの４種類程度しかいない。そのなかでもシジュウカラが繁殖に利用する確率がもっとも高い**

鳥たちは、わたしたち人間にとって、農山村はもとより大都会のなかでもすぐに出会うことができるもっとも身近な野生動物で、いわば自然と野生の代表者です。その

巣箱で繁殖するヤマガラ

鳥たちと、巣箱をつくってかけることで、簡単に交流することができるのです。
また、巣箱かけは鳥たちの繁殖を手助けしたり、鳥たちと交流したりするだけでなく、鳥の研究・調査にもとても役だっています。

わたしの場合の一例をあげると、鋼管製電柱などの人工構造物に巣箱をかけ、ブッポウソウを繁殖させることに成功し、以後、巣箱で雛や親鳥の捕獲研究ができるようになりました。木柱の穴では捕獲できなかったのです。1988年7月、巣箱で初めて繁殖したブッポウソウの雛2羽に通常の環境庁（現、環境省）の番号入り金属製足輪と個体識別用の色のついた足輪をつけました。そのときの記録は、現在も（公財）山階《やましな》鳥類研究所で大切に保管されています。

＊

本書では、もっとも一般的で基本となる小鳥用巣箱のつくり方かけ方、さらにシジュウカラからムクドリ、ブッポウソウ、アオバズクなどまで効果が高く応用範囲の広い万能巣箱、農業への貢献が著しいフクロウ用大型巣箱のつくり方かけ方などについて多くの図表などを入れてわかりやすく詳しく述べています。

ぜひとも巣箱をつくってかけてみて、鳥たちの保護を入り口として、身近なところから自然保護、環境保全に取り組んだりかかわったりしてほしいと思います。

2019年　ウグイスが初音する頃に

飯田　知彦

図解　巣箱のつくり方かけ方◎もくじ

第4章 万能巣箱などのつくり方とかけ方 71

• M E M O •

◆本書は巣箱づくり、巣箱かけのノウハウをわかりやすく解説し、自然保護、環境保全の一助となることを企図してまとめたものです

◆本文の図表は、著者の前著『巣箱づくりから自然保護へ』（創森社）から流用（一部を改変）しています

人家のまわりでもっともよく見かける鳥のスズメ

巣箱を利用する小型フクロウ類のアオバズク

NEST BOX GRAFFITI

巣箱をかける

太い幹に小鳥用巣箱をやや下向きにかけた状態

脚立にのり、幹にシュロ縄をかける▶

樹間の広い林は、巣箱かけに適している

小学校でつくった万能巣箱▶

小鳥用巣箱を利用する代表種シジュウカラ

巣箱の上下にシュロ縄をかけ、固定させる

NEST BOX GRAFFITI

小鳥用巣箱

営巣中の巣箱から飛び立つシジュウカラ

巣穴を探し、コゲラの古巣をのぞくヤマガラ

巣箱で繁殖するスズメ

◀巣箱で繁殖するヤマガラ

▶餌をくわえたシジュウカラ

第１章

巣箱の普及と利用する鳥の生態

巣箱で繁殖する代表種シジュウカラ

巣箱をつくってかける意義と価値

巣箱で鳥を保護する必要性

巣箱とはなにか。それは鳥たちが繁殖に利用するため、人の手でつくった人工の箱です。つまり巣箱とは鳥たちの繁殖を手助けし、鳥たちを保護するためのものなのです。

ではなぜ、わたしたちは、巣箱で鳥たちの保護をする必要があるのでしょうか。それを解くカギは、鳥たちの仕事と人間との関係にあります。

鳥たちの仕事とは、日々生きていくために餌を捕ることです。そして、日頃鳥たちが仕事で食べている昆虫類などの数は、わたしたちの想像をはるかに上回る、膨大な数にのぼるのです。

たとえば、1羽のシジュウカラは、1年間に昆虫類を50万～60万匹も捕食しているといわれていま

巣箱はシジュウカラなどの繁殖を手助け

キツツキ類のコゲラ。背と翼に白斑がある

昆虫捕食のシジュウカラ親子と小鳥用巣箱

す。生態系の連鎖ですが、捕食した昆虫のなかにはいわゆる害虫も多く含まれています。

生態系と生物多様性の質の向上へ

しかし、その鳥たちも近年の森林の荒廃や広範囲での環境の悪化などで、以前と比べて、ほとんどの種類で個体数が減少しています。減少の原因は種類によりさまざまですが、人間がその減少に歯止めをかけることができると思われることもあります。

それは、巣箱をかけて、鳥たちの繁殖成功率を高めてあげることです。繁殖成功率（繁殖に成功したつがい数／繁殖したつがい数×１００）を上げることとは、鳥たちの繁殖を手助けして、うまく雛が巣立つ巣の数や雛の数を増やすということです。その主要な手段として、巣箱かけがあるのです。

また、都市部では、以前より街中の緑は増えてきましたが、条件のよい繁殖場所がないため、うまく繁殖できていない鳥たちも多いと思われます。そういった生態系や生物多様性が薄い都市などで、生物多様性の層を厚くする手段の一つが巣箱なのです。

巣箱の誕生と日本への渡来・普及

観察と経験から巣箱を考案

　世界で最初に巣箱がつくられたのはヨーロッパのドイツで、最初に巣箱を考案した人は、ベルレプシュ男爵です。

　ベルレプシュは、もともと鳥が好きな人で、自身の観察と経験から、世界で最初に現在につながる形の巣箱を考案してつくりました。

　1905年（明治38年）に、ベルレプシュ男爵の住むドイツのゼーバッハを中心に数km四方でハマキムシ（ハマキガ類の幼虫）が大発生し、大きな被害がありました。ところが、周囲ではかなりの被害があったにもかかわらず、ベルレプシュ家の領地では森林も畑もほとんど被害らしいものがありませんでした。

愛鳥週間の巣箱づくり、巣箱かけは、野鳥を愛護するシンボル的活動となっている

クリの木の害虫（幼虫）を食べるシジュウカラ

小鳥用巣箱を幹にシュロ縄で結んで固定

ベルレプシュ男爵による巣箱普及

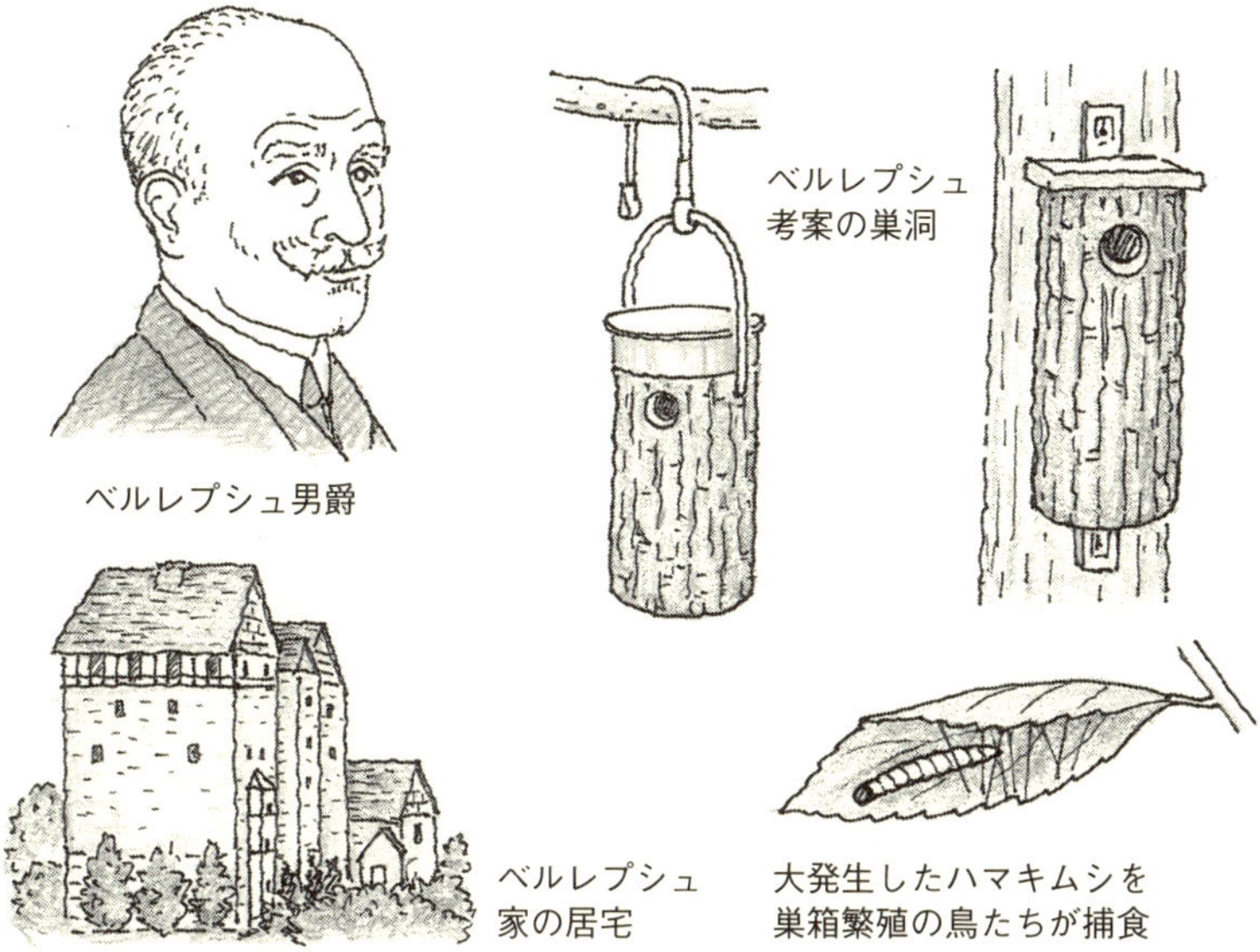

ハマキムシの被害を食い止める

それはベルレプシュ男爵が、13haの林地、40haの領地に３０００個の巣箱をかけ、それらで36種類５６０つがいの鳥たちが繁殖していたためでした。

それらの巣箱で繁殖していた鳥たちがハマキムシを捕食し、ベルレプシュ家の領地ではほとんど被害がなかったのです。このことが巣箱の有効性を実証し、ドイツやヨーロッパで巣箱による鳥たちの保護が始まるきっかけになりました。

やがてそのことが海を越えて伝わり、それから11年後の１９１６年（大正５年）には、巣箱は早くも日本に入ってきて、日本でも巣箱がつくられるようになりました。

１９４７年（昭和22年）には4月10日をバードデーとし、１９５０年（昭和25年）からは5月10日から16日までの１週間を愛鳥週間（Bird week）として定めました。これは現在も続いており、巣箱づくり、巣箱かけは野鳥を愛護する活動の象徴的な取り組みになっています。

基本となる巣箱 片屋根型と両屋根型

巣箱の種類には、いかにもみなさんがイメージする巣箱の形である箱型のものに加えて、なかにはこれで鳥がやってくるのかと驚かれるような形のものもあるかもしれません。巣箱の形によって繁殖に利用する鳥の種類が決まっています。

まず最初に紹介するのは、もっとも基本的な形の巣箱です。これには片屋根型と両屋根型があります。基本的には、つくられる巣箱のほとんどは、この二つのタイプの巣箱です。

もっとも基本的な片屋根型

すべての巣箱の型のなかで、もっとも基本的な型の巣箱です。使用する板の量や、板を切る線も少なく、もっとも安価に容易につくることができる形です。そのため巣箱を初めてつくるときには、この形

見た目が人間の家に似ている両屋根型

もっとも一般的で実用的な片屋根型

両屋根型と片屋根型の巣箱

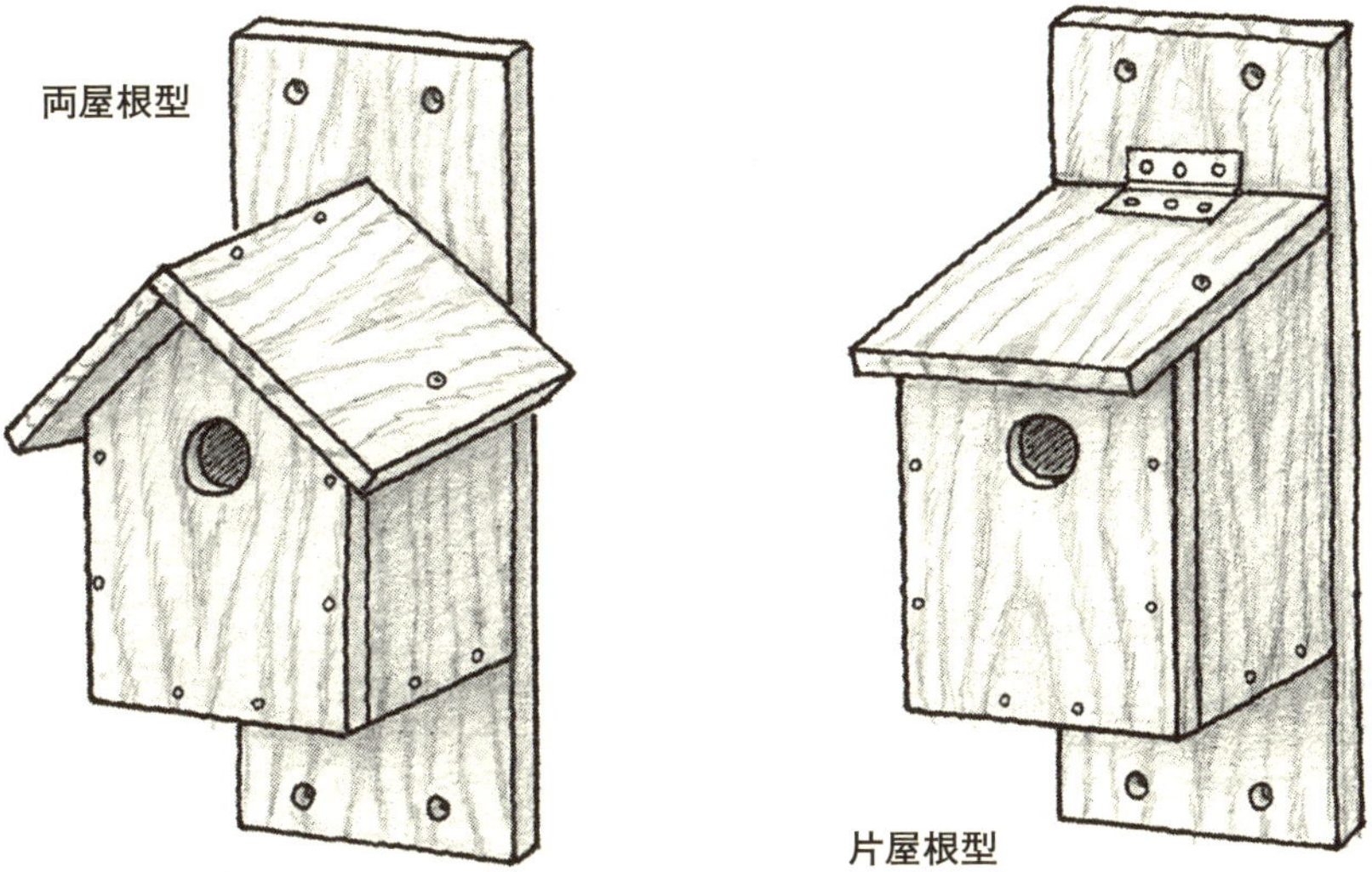

でつくることをおすすめします。簡単で頑丈な構造のため、その面でもおすすめできます。

外観が親しみやすい両屋根型

ほとんど片屋根型と同じですが、屋根が両面にある人間の家に似た形で、見た人をなごませてくれます。見た目にすぐれ、庭や公園などの風景にもよく合います。

じつは作製される巣箱全体の数のなかではかなり少数派なのですが、テレビや漫画などではよく描かれる型のため、巣箱というとこの両屋根型の巣箱のことを思い描く方も多いでしょう。使用する板の量は片屋根型よりも若干多く、構造的に片屋根型よりも複雑なためつくりにくく、また頂上部に板の接合面がくるため、巣箱内に雨水が入りやすくなる欠点があります。

これらの巣箱の形により、鳥たちが巣箱を利用する確率が変わることはありません。どちらのタイプにするかは、巣箱をつくる人間の側の気持ちしだいといえるでしょう。

半樹洞巣箱と下部出入口巣箱

基本となる片屋根型と両屋根型のほかにも、巣箱には以下のような型の巣箱があります。

前面を開けるキビタキ用巣箱

キビタキは、丸い竹を2回切っただけのごく簡単な巣箱（巣台）でも繁殖します。そのため、板で作製する巣箱でも、一方向が大きく開いた形のものをつくると繁殖に利用します。丸い竹を生かすにせよ、板でつくるにせよ、キビタキ用巣箱の最大の特徴は、半樹洞巣箱として前面を大きく開けておくことです。

下部を開けるセキレイ用巣箱

キビタキよりももっと開放的な巣箱がセキレイ用巣箱です。巣箱というよりも、巣場所といったほうがよいかもしれません。400～450㎜四方程度の箱を、建物の壁などに取り付けただけのものです。

下側が大きく開いていて、親鳥はそこから出入りします。巣は細長い底板の上につくります。セグロセキレイ、キセキレイなどが繁殖に利用しますが、これらの鳥が生息している川などの近くでないと利用されません。巣箱の下部から巣に出入りすることによって、カラス類による巣への襲撃を防ぐことができます。

明るい黄色が目だつヒタキ科のキビタキ

川や湖沼などに生息するキセキレイ

キビタキと半樹洞巣箱

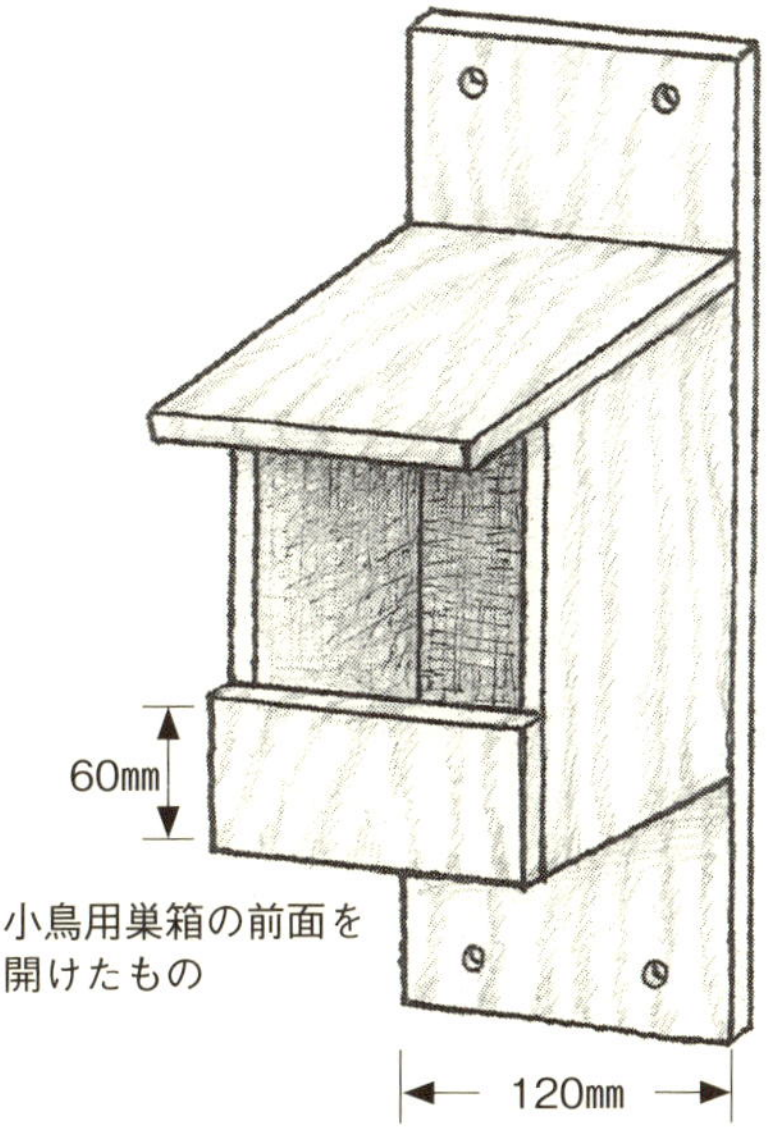

キセキレイと下部出入口巣箱

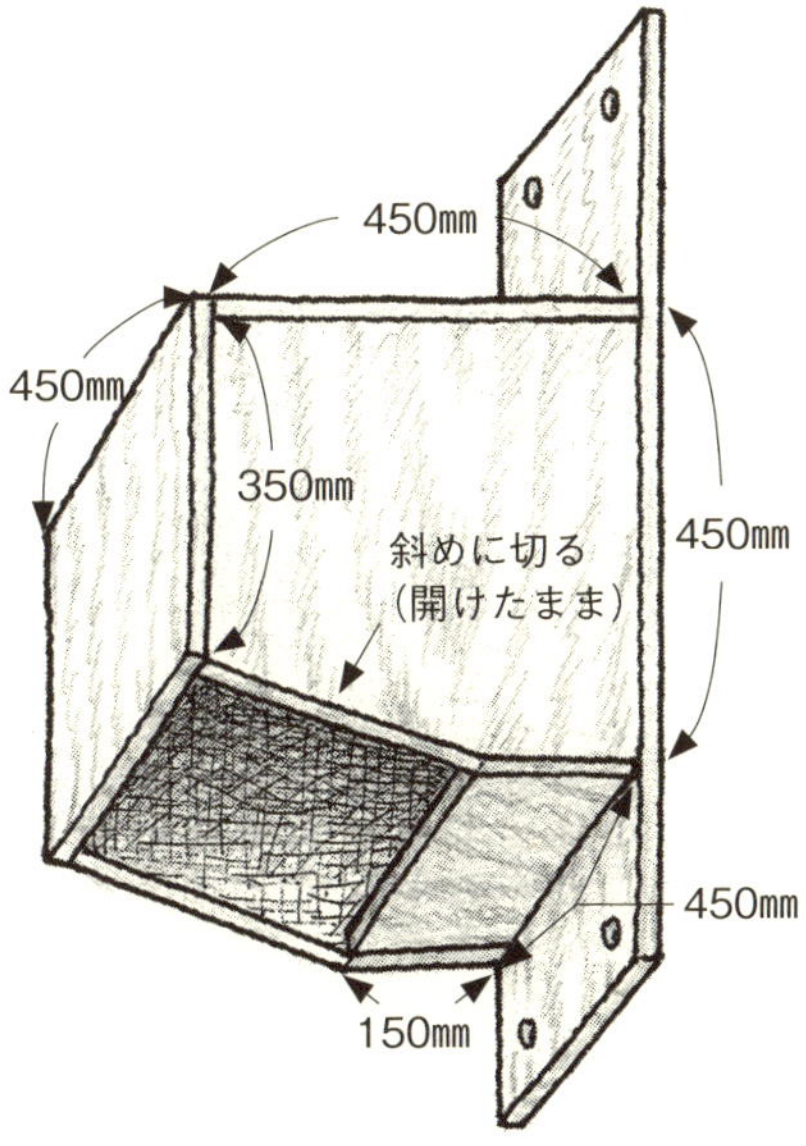

ツバメ用巣台とフクロウ用大型巣箱

昔からあったツバメ用巣台

よく知られているものがツバメ用の巣台です。巣台の大きさは、50×70㎜程度でじゅうぶんです。よく巣の下に糞受けのように大きめの板を打ちつけてあるのを見ることがありますが、あまり大きめの板を取り付けると、その巣では繁殖しなくなります。

それよりも、これも昔からよくやられている方法ですが、巣の下に上部を開けた段ボール箱や、新聞紙などを置くほうがよいでしょう。

ツバメの雛が孵化してから巣立つまでは、約2週間で、それほど長い期間ではありません。しかも通常、一つがいは多くても年に2回しか繁殖しません。その間、せっかくの機会ですので、雛の成長や餌やりの回数などを観察して、楽しみましょう。

市街を飛び回り、人に慣れているツバメ

大切なことは、ふつうツバメは、人間が自分の家に繁殖に「呼ぼう」としてもなかなか呼べない鳥であるということです。いくら巣台をつくっても、人間の意志や思いだけでは来てくれないのです。自分の家などがツバメに繁殖場所に選ばれたということ

NEST BOX WORLD

ツバメと巣台

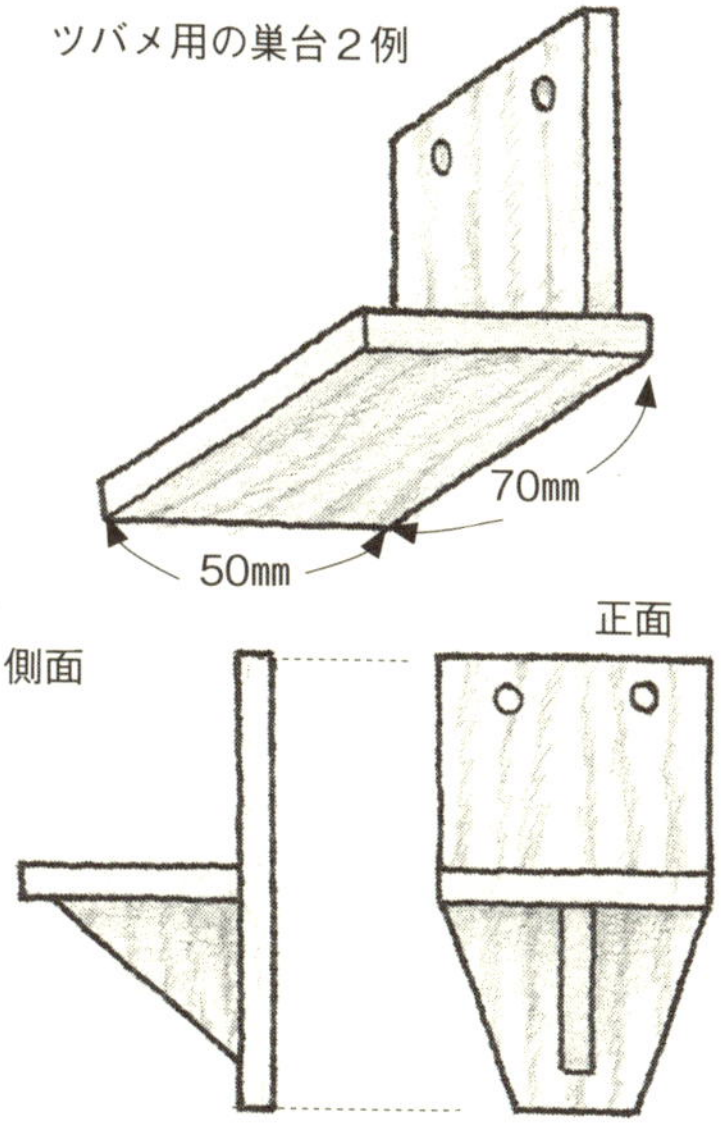

市街地近くや里山などでも見かけるフクロウ

は、とても幸運なことです。せっかくの身近な観察の機会を楽しみましょう。

重さのあるフクロウ用大型巣箱

比較的ふつうにかけられている巣箱で最大のものが、フクロウ用の大型巣箱です。リンゴ樹を食害するハタネズミの対策としてフクロウを呼び込むため、園地にフクロウ用の大型巣箱を設置するケースが増えています。フクロウ用巣箱については、83頁以降で詳しく述べています。

鳥が巣をつくる場所と巣箱利用の可否

人工の巣穴で繁殖を手助け

巣箱の概念を述べるといくぶん長くなりますが、つぎのようにあらわすことになります。

巣箱とは、主に樹木にキツツキ類があけて繁殖に使用したあとの巣穴、幹などに自然にできた洞穴《ほらあな》、うろなどの樹洞、それに岩のすき間にある穴などで繁殖する種類の鳥たち（樹洞繁殖性の鳥類）に、人工的に巣穴（繁殖場所）を提供し、繁殖（生殖によって個体数を増やすこと）を手助けすることを目的として、人間がつくって自然のなかに設置する「人工の巣穴」のことです。

そのため、いかに身近にいる種類の鳥たちでも、樹洞や岩のすき間など、いわゆる穴の中で子育てをする種類でなければ巣箱は利用しません。

利用するのは樹洞繁殖性の鳥類

つまり、巣箱で繁殖する鳥たちの種類は、樹洞繁殖性の鳥類にほぼ限定されるのです。

そのため、いかに身近に数多くいる種類でも、樹木などの上に枝などで自分で皿形の巣をつくるメジロやホオジロ、サギやカラスの仲間など、それに地面の上に直接産卵するカモメやチドリの仲間、ヨタカなどは、巣箱で繁殖することはありません。

樹洞。アオバズクが繁殖に利用

NEST BOX WORLD

鳥が巣をつくる場所、および巣箱利用の可否

種類名	巣をつくる場所	巣箱利用の可否
メジロ	樹木の枝の上など	×
ヒヨドリ	樹木の枝の上など	×
ウグイス	ササの茂みの中など	×
ホオジロ	樹木や草の茂みなど	×
キジバト	樹木の枝の上など	×
スズメ	建物のすき間など	○
シジュウカラ	樹洞など	○
ヤマガラ	樹洞など	○
エナガ	樹木の枝の上など	×
ツバメ	人家の軒下など	×注１
コシアカツバメ	人家の軒下など	×
ヒバリ	地上（草の根元など）	×
ムクドリ	建物のすき間など	○
セグロセキレイ	建物のすき間など	△注２
キセキレイ	建物のすき間など	△注２
ツグミ	日本では繁殖しない	×
ジョウビタキ	日本ではほぼ繁殖しない	×
モズ	樹木の枝の上	×
カラス類（ハシブトガラス、ハシボソガラス）	樹木の枝の上	×
オナガ	樹木の枝の上	×
キビタキ	樹洞など	○
コサギ	樹木の枝の上	×
アオサギ	樹木の枝の上	×
キツツキ類（コゲラ、アカゲラ、アオゲラなど）	樹木の幹	△注３
アオバズク	樹洞など	○
フクロウ	樹洞など	○
オシドリ	樹洞など	○
カルガモ	河原の草の中など	×
ヒドリガモ	日本では繁殖しない	×
トビ	樹木の枝の上	×
カモメ類（ユリカモメなど）	日本ではほとんど繁殖しない	×注４
キジ	地上（草の間など）	×
ホトトギス	他の鳥の巣に産卵する	×
カッコウ	他の鳥の巣に産卵する	×
カワセミ	土の崖	△注３
ヤマセミ	土の崖	△注３

注１：巣箱ではないが、巣台と呼ばれる巣をのせる台を利用することがある
注２：通常とはやや形のちがう巣箱を与えると、繁殖に利用することがある
注３：巣箱ではないが、人工的に巣づくりの場所を与えると繁殖することがある
注４：カモメ類は種類が多く、ウミネコなどは繁殖する
（鳥の種類は、巣箱の利用についてよく聞かれる順番にしている）

小鳥用巣箱を利用する鳥の主な種類・生態

利用率の高いシジュウカラ

巣箱で繁殖する鳥たちは、樹洞などで繁殖する鳥たちです。そのなかで、身近に多くの個体がおり、小鳥用巣箱で繁殖する種類の鳥は序文（2頁）でも述べていますが、残念ながらせいぜいつぎの4種類ぐらいしかいません。

シジュウカラ、ヤマガラ、スズメ、ムクドリ

つまり、一般的に身近な場所で巣箱をかける場合、これら4種類を想定して巣箱をかけるということになります。

そしてこれら4種類のなかでも、家の庭や裏山など身近な場所に巣箱をかける場合、他のどの種類よりもシジュウカラが利用する確率が高いでしょう。

極端な言い方をすると、ふつう小鳥用巣箱をかけるというと、シジュウカラのために巣箱をかけると考えてもよいほどです。

上記4種類の解説をすると、シジュウカラとヤマガラは庭先から山の奥まで広く巣箱で繁殖し、スズメとムクドリは人家周辺でのみ繁殖します。

スズメとムクドリへの対応

もっとも身近な鳥に思われるスズメは市街地などで見られ、人家近辺にしか生息していません。意外に警戒心が強く、かなり安全な場所に巣箱をかけないと、繁殖に利用されないことが多いようです。

ムクドリは生息地が比較的局地的で、ムクドリのために巣箱をかけるときには、事前にその場所にムクドリが生息しているか確認する必要があります。実際には、そこに生息している鳥たちの種類を見て、巣箱をかけることがほとんどですが、ムクドリの場合、それを確実におこなう必要があります。

小鳥用巣箱を利用する主な鳥

ヤマガラ

スズメ目シジュウカラ科。全長約14㎝。頬から上と喉が黒色、胸部と背中は茶褐色。シジュウカラよりも尾羽がやや短い

シジュウカラ

スズメ目シジュウカラ科。全長約15㎝。喉の黒い縦線が特徴でネクタイのように胸部を通り、尾羽近くまで続いている

スズメ

スズメ目スズメ科。全長約14㎝。頭上から後頭までが茶褐色で首まわりは白い。背は褐色で黒い縦斑が入っている

ムクドリ

スズメ目ムクドリ科。全長約24㎝。ハトより小さい中型の鳥。体全体はほぼ灰黒色。頬などに白い羽根が筋状に入っている

巣箱をつくる前の準備と確認事項

事前準備のポイント

巣箱をつくったりかけたりする前には、以下の準備が必要です。

①事前に巣箱をかけようと思う場所の鳥の種類を調べておく

シジュウカラ以外の種類の鳥に巣箱で繁殖してほしい場合は、その種類の鳥が巣箱をかけたい予定の場所に生息しているか、事前に調査しておくことが大切です。

もし、希望する種類の鳥の生息が確認されれば、その種類に合わせた巣箱を作製します。

しかし、どんな種類の鳥でも巣箱で繁殖してくれればいいというのであれば、この調査はとくに必要ありません。

②巣箱をかける場所があるか

当然のことですが、かける場所（巣箱をかけるのに好ましい条件の木など）がないと巣箱をかけることができません。また、立地条件や環境がよくないと、いくらよくできた巣箱をかけても、鳥たちは利用しません。

事前に巣箱かけに適した木と、その木のどこに巣箱をかけるかまで、調べておく必要があります。巣箱かけに適した木や場所については、第3章などを参照してください。

事前調査、準備をしたうえで、巣箱を適した場所の適した木にかけるようにする

巣箱利用対象種と巣箱の構造、大きさ、かける高さ

利用対象種	巣穴の大きさ（直径）	巣穴の下部から底までの高さ	巣箱の床の1辺の長さ（使用する板の幅）	かける高さ	使用する板の厚み
	㎜	㎜	㎜		
シジュウカラ	28〜35	100〜120	100〜120	1.5〜2.5m程度	10㎜以上
ヤマガラ	30〜45	100〜120	100〜120	2.5m程度	10㎜以上
スズメ	30〜40	100〜150	120〜150	3m程度	10㎜以上
ムクドリ	40〜55	150〜200	150〜180	3〜5m程度	15㎜程度
ブッポウソウ	80	210	210	5m程度	15㎜程度
フクロウ	180	400	360（180×2枚）	2〜3m程度	12㎜以上

注１：各部の寸法の単位は「かける高さ」を除き、すべて㎜
注２：フクロウ用の大型巣箱をかける高さは果樹園などにかける場合を想定

③巣箱をかけたい場所の土地の所有者に、巣箱をかける許可をいただいているか

これも当然のことですが、巣箱をかけたい場所の土地が自分の所有する土地でない場合には、事前にその土地の所有者に、巣箱をかける許可をいただいておく必要があります。

場合によっては土地の所有者と巣箱をかける木の所有者が異なるケースもあるので、当然のことですが、木の所有者の許可もいただいておく必要があります。

土地の所有者の調べ方

巣箱をかけたい場所の土地の所有者の調べ方ですが、その付近に田んぼや畑などがあれば、そこにいる方にきちんと理由を説明してから尋ねると、ふつうはすぐに教えていただけます。もし、それでもわからない場合には、法務局に行って調べるようになります。

◆コラム

●巣箱かけをしてもっともうれしい瞬間

column

巣箱かけをしてもっともうれしい瞬間とは、どんな瞬間でしょうか。

それは、自分がつくってかけた巣箱から、雛が巣立つ瞬間を見たときです。自分が巣箱をつくってそこにかけなければ、その場所での繁殖の成功はなかったのでは、と思うと、巣立った雛は、まるで自分の子どもたちのように思えるほどです。

しかし、こういった機会に出会うことは、めったにありません。その主な理由は、鳥たちの巣立ちが通常、非常に短時間で終わるからです。シジュウカラでこれまでに見たもっとも短いものは、巣箱の中の雛8羽がすべて巣立つのに要した時間は、わずか5秒ほどでした。これほど短くなくても、巣箱で繁殖する鳥たちの巣立ちは、数分程度で終わることが多いのです。

このように巣立ちの時間は短いので、わたしたちが観察している間に雛たちの巣立ちの瞬間に出会うということは、非常に少ないのです。

また、鳥たちにとって人間はあまり近くにいてほしくない存在なので、近くで観察しようとすると親鳥が警戒の声を出し、その声を聞くと雛たちは巣立ちません。いかにその巣箱をつくってあげた自分であっても、特別に近くで観察させてくれるわけではないのです。

そのため、親鳥を過度に警戒させないためには、巣立ちの様子をそれほど近くで観察できません。まだうまく飛べない雛の巣立ちの瞬間は、鳥の一生のうちでもっとも危険な時期です。そのため、完全に安心できる状態でないと、雛の巣立ちはありません。雛たちの巣立ちを観察させてもらえる機会は、非常に少ないのです。

これらのことから、もし自分がかけた巣箱から雛たちが巣立つ瞬間を見ることができた場合、その喜びは格別ひとしおなのです。

第２章

小鳥用巣箱の材料と道具を用意

巣箱本体に用いるのに最適のスギの一枚板

巣箱の部位と名称・役割

各部位の名称

片屋根型の巣箱を例に、まず各部位の名称について紹介します。左の図と照合すると一目瞭然です。

前板、横板、底板、背板、屋根板

巣穴、水抜き穴、巣箱固定穴

各部位の主な役割

前板　巣箱の正面になり、ここに巣穴をあけます。巣箱のもっとも目だつ部分のため、木目が美しい部分を使用するとよいでしょう。

巣穴　通常、円形で前板の上部にあり、前板とともに巣箱の顔ともいえる部分です。

横板　巣箱の両サイド（横面）にあり、片屋根型では上部を斜めに切ってあります。

底板　内部の底にあたる部分で、四隅を切り落として水抜き穴をつくります。

背板　巣箱の背骨にあたり、樹木などにかけるときに固定します。そのため、巣箱の横板の長い辺よりもさらに上下に長く、シュロ縄などを通すための固定穴をあけます。

巣箱固定穴　背板にシュロ縄などを通し、固定するための穴。上部と下部に各2個あけます。

できあがった小鳥用巣箱

巣箱の構造と部位・名称（片屋根型）

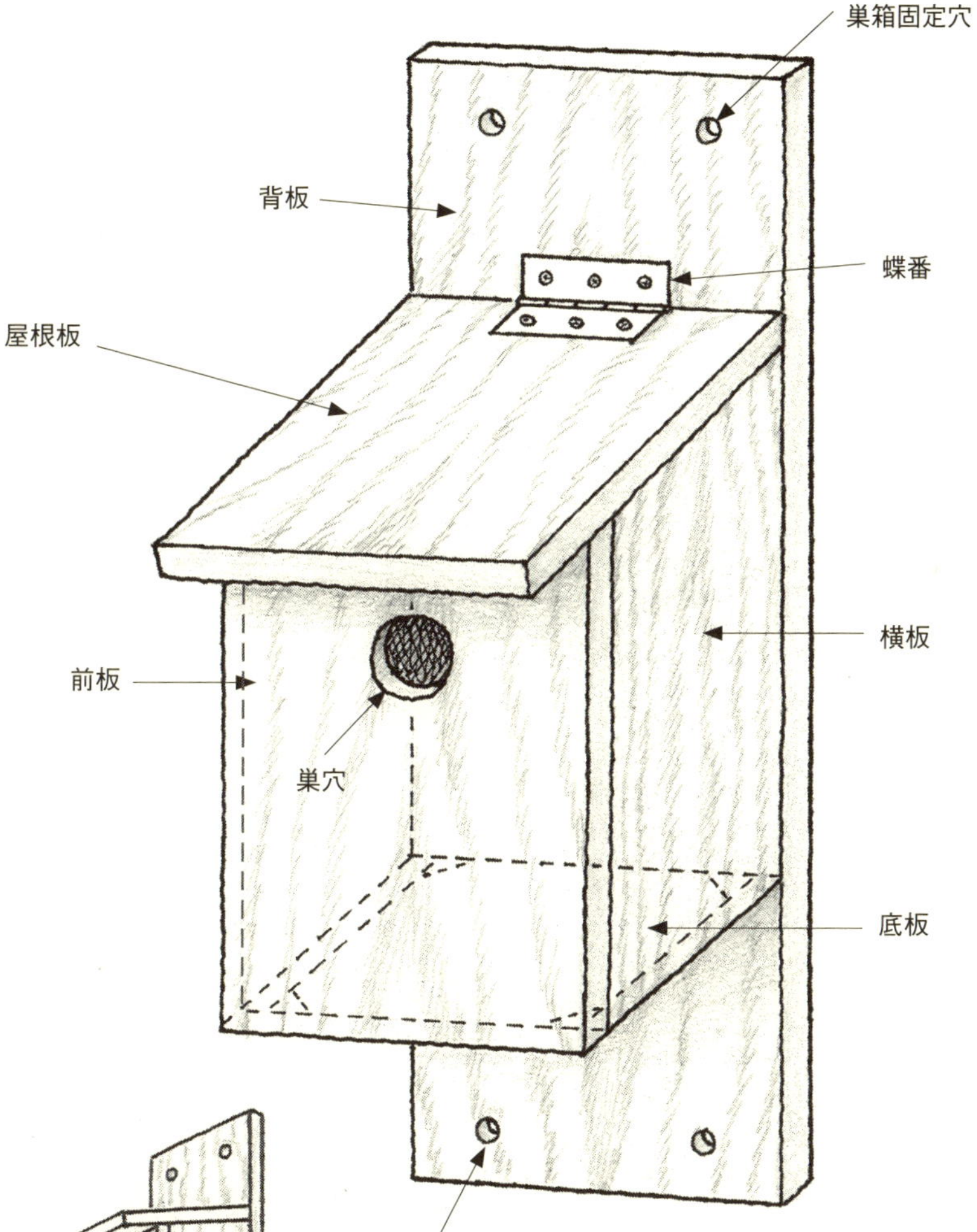

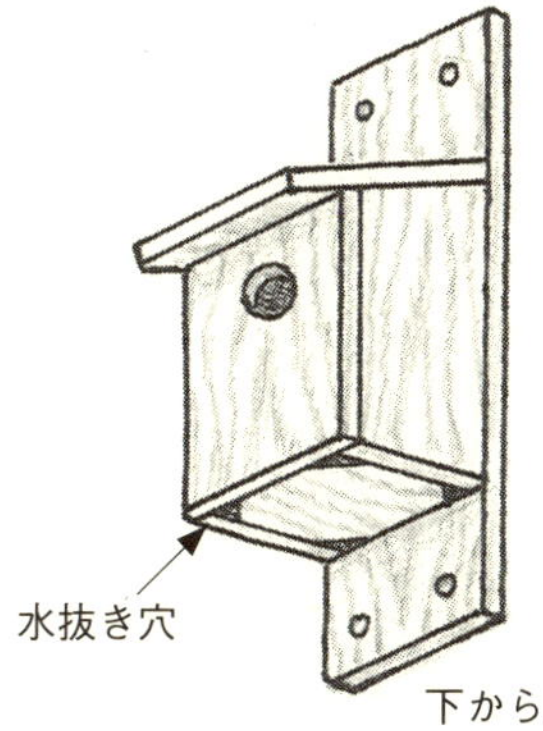

下から見た図

注：①前板は巣箱の正面になり、顔ともいえる部分。木目が美しい部材を用いるとよい
②巣穴は巣箱づくりでもっとも重要な部分。適切な大きさ、仕上げにする。きれいな円形の穴があくと見映えがする

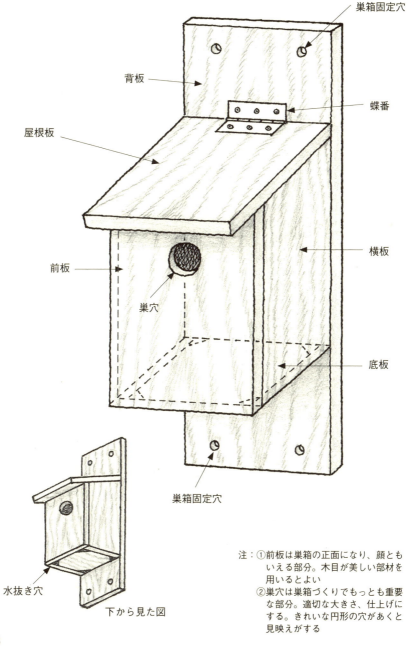

巣箱をつくるのに必要な材料・道具

巣箱本体となる材料

巣箱本体に用いる材料は、つぎの4種類です。

板　巣箱本体の各パーツ（部品）になるものです。

釘　板のパーツとパーツをつなげて、巣箱本体をつくります。使用する板の厚みの2～2・5倍の長さの釘《くぎ》が必要です。

蝶番　蝶番《ちょうつがい》は屋根の開閉部分に使います。

ネジ（プラス型）　屋根板と背板に蝶番を固定するためと屋根止めに使います。屋根止め用は板の厚みの2～2・5倍程度の長さのものが必要です。

巣箱づくりに必要な道具

巣箱づくりに必要な道具をあげます。

鉛筆・消しゴム　設計図に基づき、板に切るための線を引き、消します。鉛筆は2Bなど、濃いめのものがよいでしょう。

物差し　設計図の寸法を板上に再現するために必要です。30cm以上あるものが好ましく、中～大型以上の鳥たちのための巣箱など、大型の巣箱をつくる場合には、もっと長いものが必要です。

のこぎり　板を切って巣箱のパーツをつくります。ふつうの木工用のものでかまいません。

金槌　釘を打って部品の板と板とをつなげ、巣箱の本体をつくります。

小鳥用巣箱の板と蝶番・ネジ

板　スギ板（棚板）
長さ1800㎜×幅120㎜×厚み10㎜
1枚 約1000～1200円

釘　ステンレス製釘
またはステンレス製スクリュー釘
長さ 20~25㎜×太さ2㎜　16本

蝶番　ステンレス製（ネジ付き）
長さ 50㎜　1個 約250円

ネジ（屋根止め用）　ステンレス製、皿頭タッピング
長さ 20～25㎜　1本

注1：ホームセンターなどで市販されている一枚板の寸法は製材所によって異なっており、かならずしも希望する長さ、幅、厚さのものがそろっているとはかぎらない。45頁の設計図どおりの巣箱をつくる場合、なるべく幅120㎜の一枚板を用意するとあとの作業がはかどる

注2：ふつうのスギの一枚板の代わりに、市販の焼き焦がした焼きスギ板（加工板）やヒノキの一枚板を求めてもよい

注3：価格は税別（2019年2月現在）

巣箱づくりに必要な道具

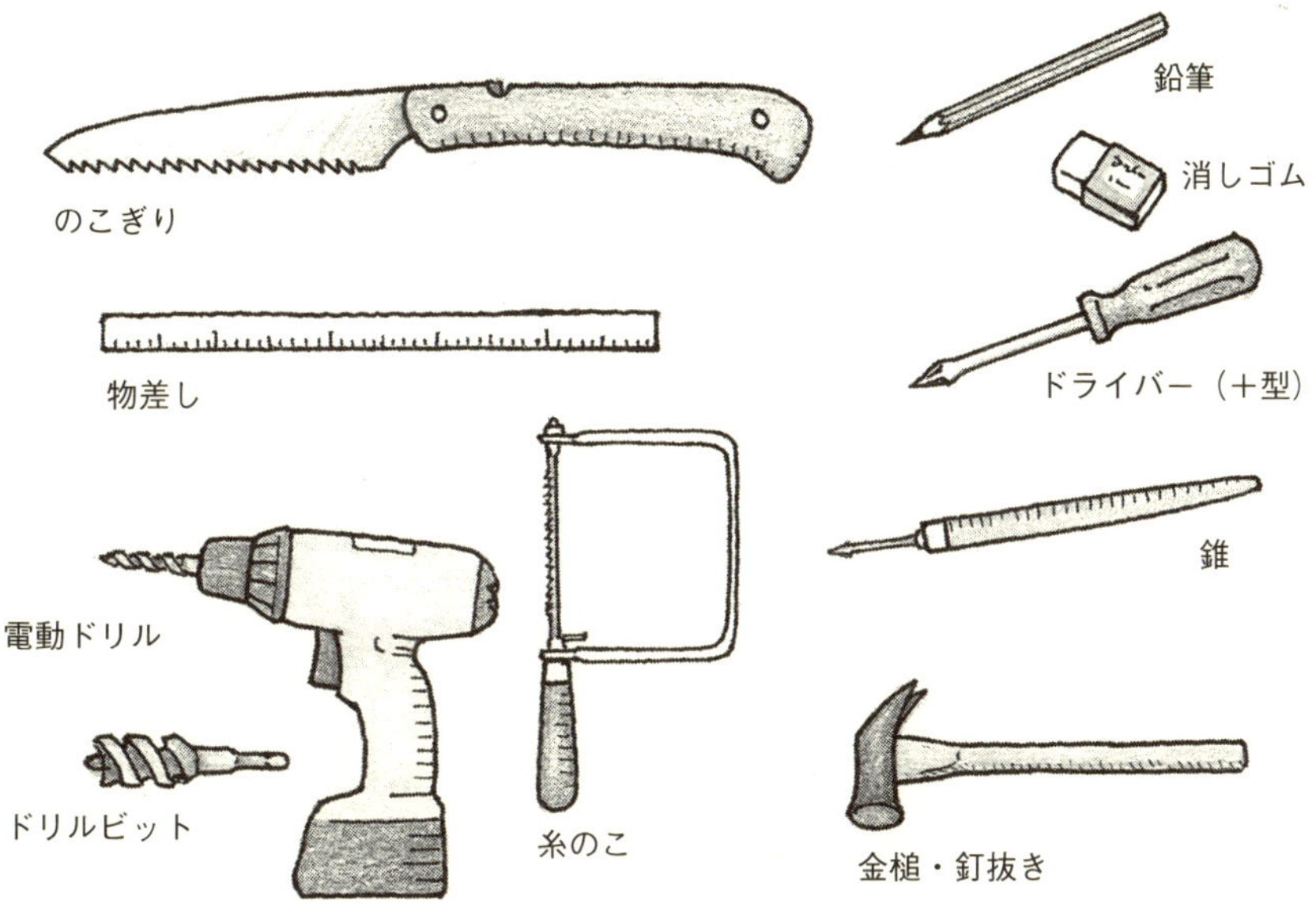

釘抜き　誤って釘を打ったときに釘を抜きます。

電動ドリル　板に巣穴をあけたり、シュロ縄などを通す穴をあけたりする穴あけ器。先端に工具をつけて操作します。

ドリルビットなど　電動ドリル本体の先につけ、巣穴をあける切削工具です。ドリルビットは刃先が螺《ら》旋《せん》状についており、丸い穴をあけることができます。

糸のこなど　電動ドリルでドリルビットなどの切削工具を使わずに巣穴をあける場合、糸のこ（目の粗さは中目のもの）、もしくは細のこを使用します。丸い穴、四角い穴をあけることができます。

錐　錐《きり》で開閉部分を固定するネジを通す穴をあけます。

プラスドライバー　巣箱の開閉部分につける蝶番を固定するための、プラスネジを締めるために使用します。

なお、あればよいものとして木材用防腐剤、さらに糸のこで丸い穴をあける場合のコンパスなどをあげておきます。

本体に用いるのはスギやヒノキの一枚板

板選びでかならず守ること

巣箱は、通常木の板で作製します。しかし、巣箱は何年にもわたってかけ続けるもののため、板選びはとても重要です。なかでも以下の点は、かならず守ってください。

①ベニヤ板や集成材など合成の板で巣箱をつくらない

ほとんどの鳥たちの繁殖期は梅雨どきです。ベニヤ板は薄い板を糊で接着したもので、多くの製品が一方向からの雨や湿気にしか耐えられないようになっています。

そのため、長時間の雨にさらされる梅雨どきなどでは、雨で巣箱が変形したり壊れる場合がありま す。集成材も基本的にはベニヤ板と同じつくり方

スギの一枚板

南洋材（ラワン材）

白木（モミ）板

本体に用いる板の可否

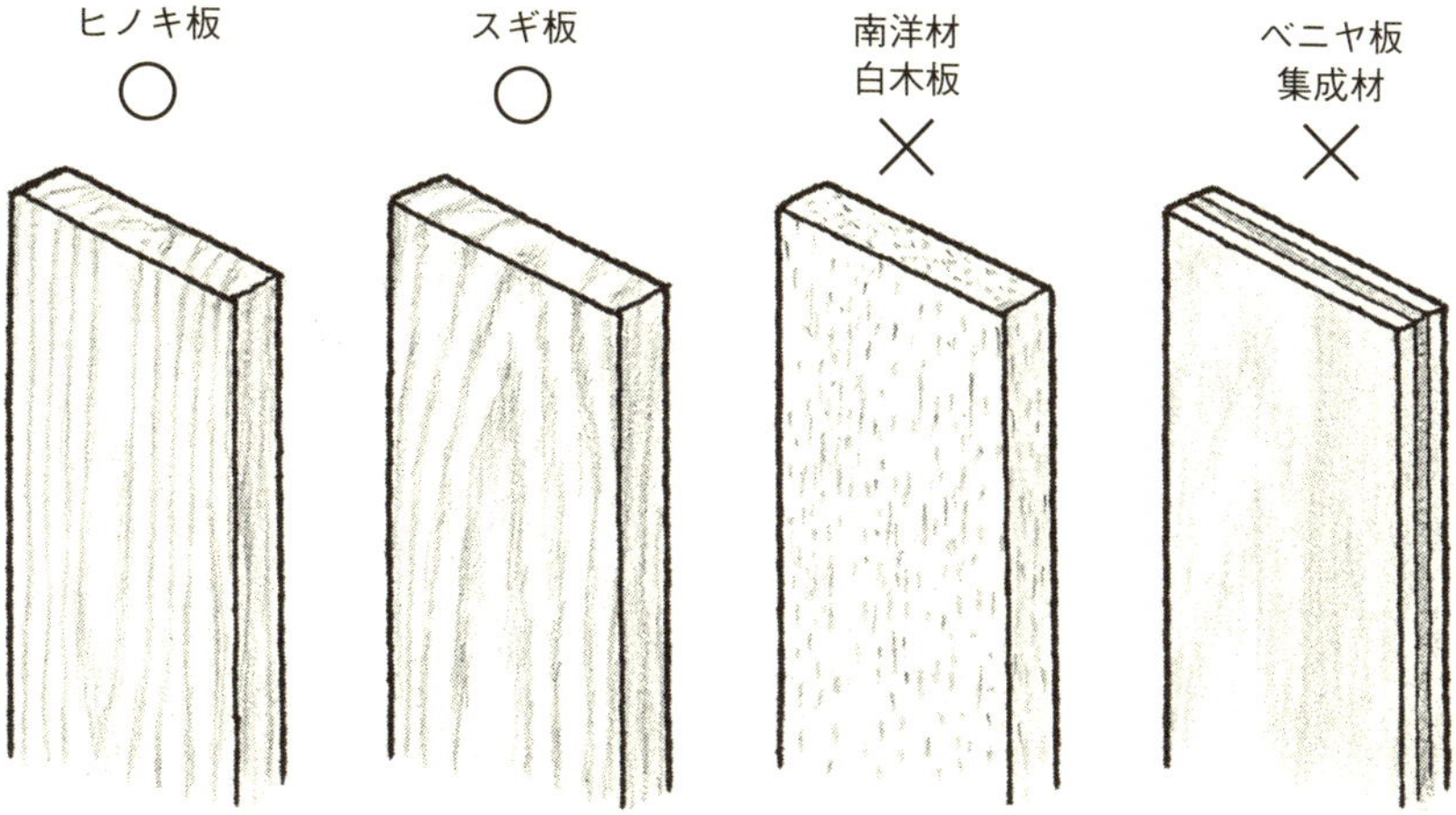

注：合成の板や南洋材、白木板は水濡れに弱く、雨で変形したり腐ったり壊れたりする場合が多く、巣箱本体の材料には適さない

で、いくつかの板の部品を糊で貼り合わせてつくられているので、同じように使用できません。

卵や雛は逃げることができません。巣箱が変形した結果、巣箱の内部に雨水が入ってきて死んでしまうこともあります。そうなると、鳥たちのためにつくった巣箱で鳥たちが害を受けることになります。巣箱はかならず、木から切り出したそのままの一枚板で作製してください。

② 一枚板でも南洋材や白木（モミ）板は使用しない

比較的安価に販売されているラワンなどの南洋材や白木と呼ばれるモミの板は、一枚板でも使用してはいけません。これらの材料は水濡れに弱く、屋内での使用では問題ないが、屋外での使用では、雨に濡れると大きなヒビが入り、巣箱が完全に二つに割れてしまったり、腐りが早かったりします。

以上の2点は、これらの板が比較的安価で手に入りやすいことと、さまざまなものによく利用されていることで、数が多くもともと家にあった材料として手軽に利用されることで、よく事故を引き起こしているようです。

巣箱に最適の板はスギ、ヒノキ

スギ、ヒノキの一枚板を使う

巣箱づくりに最適な板は、スギまたはヒノキの一枚板です。

一枚板とは、ベニヤ板や集成材のように何枚かの板や板の部分を糊で貼り合わせて人工的につくったものではなく、まな板のように1本の木からそのまま1枚の板を切り出した板のことです。

スギ　スギの間伐材の場合、巣箱に使う程度の板幅ならば、かなり安価ですし、近所のホームセンターなどどこでも入手可能なのも魅力的です。

ヒノキ　ヒノキは巣箱の材料としては、材質面ではスギを上回りもっとも適した材料だと思いますが、スギよりも高価で、そして同じ大きさの材料の場合、スギよりもやや重量が重いことが多いのが欠点といえば欠点です。

そのため材質、価格などを総合的に見れば、巣箱づくりにはスギがもっとも適した材料であるといえるでしょう。

巣箱が軽量だと作業しやすい

とくにスギは非常に軽量であることが特徴です。これは、完成した巣箱の重量がほかの種類の板を使用した場合に比べて軽量になるということです。

つまり、それは巣箱かけがより容易におこなえるということを意味します。巣箱が軽量であると非常に作業がしやすく、巣箱もしっかりと固定でき、しかも安全に作業できます。

このような理由もあり、巣箱の材料としては、スギ材の一枚板が最適と思われます。

板の厚さと巣箱の強度

シジュウカラなど小型の鳥たち用の巣箱の場合は10㎜程度の厚さでも使用可能ですが、中～大型の鳥たち用の巣箱である万能巣箱では、少なくとも15㎜程度の板厚が必要です。

巣箱が大型になればなるほど頑丈につくる必要があるため、板の厚みもそれにともない厚くする必要があります。

長もちさせるための釘と蝶番とネジ

釘と蝶番とネジはステンレス製で

板のつぎに重要なのが、釘《くぎ》と蝶番《ちょうつがい》とネジの材質です。いかに質のよい板を使っても、ステンレス製の釘と蝶番とネジを使用して巣箱をつくらなければ、巣箱は比較的短い時間で壊れてしまうのです。樹木にかけられた巣箱は、雨ざらし、日ざらしの状態です。そのため、鉄製の釘だと、すぐにさびて、やがて巣箱は壊れてしまいます。こうしたことを避けるために釘と蝶番とネジ、さらに屋根止め用のネジは、さびにくいステンレス製のものを使用しましょう。

鉄製の釘とステンレス製の釘では、ステンレス製の釘のほうが高価ですが、釘はもともとそれほど高価なものではなく、1個の巣箱をつくるのに使う釘の数は、多くてもふつう20本程度です。

通常大量につくることがないと思われる巣箱では、けちらずに、迷わずステンレス製の釘を購入し

釘と蝶番とネジの可否

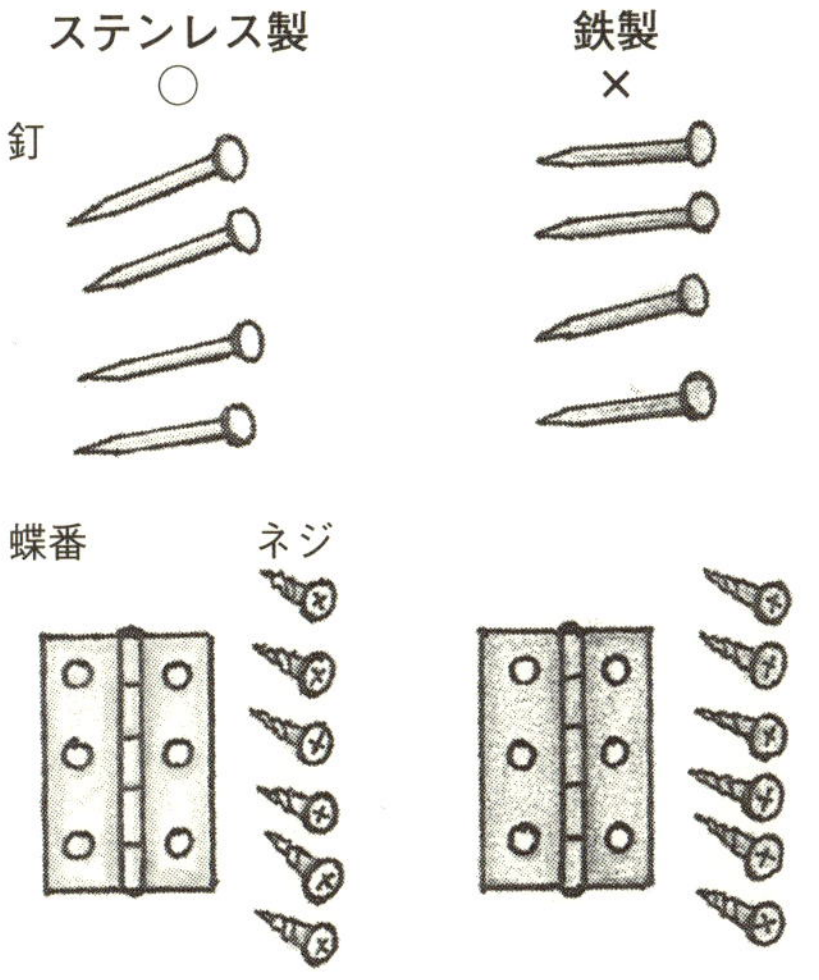

注：巣箱は雨ざらし、日ざらしなので、鉄製の釘、蝶番ではすぐにさびて壊れる主因になる

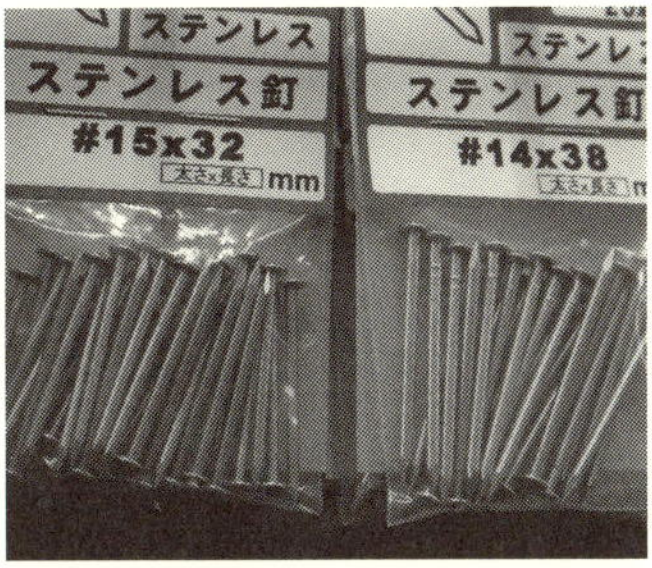

ステンレス製釘

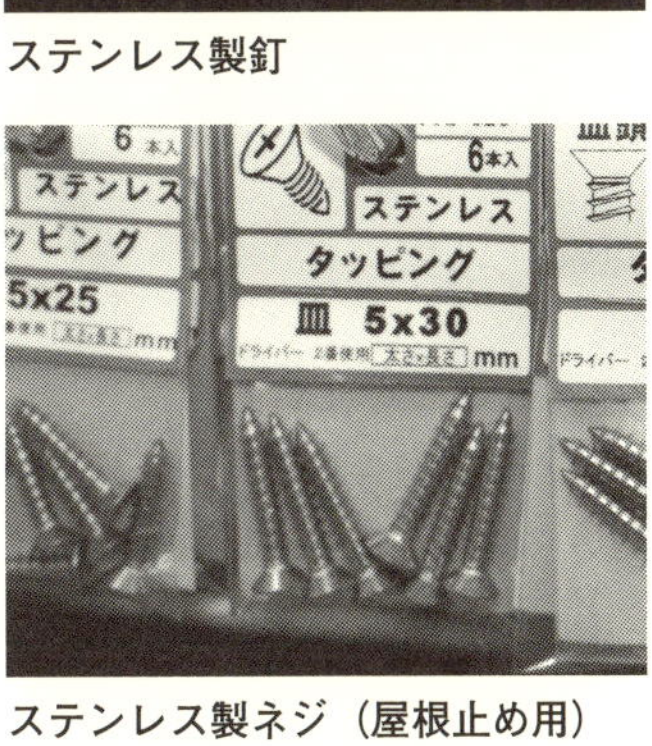

ステンレス製ネジ（屋根止め用）

て使いましょう。じつはこのことが、以後の管理の手間を大幅に減少させるのです。

なお、以前はさびないとされた銅製の釘も、近年は雨の酸性化のせいかさびるようで、銅製の釘も使用しないようにしましょう。蝶番とネジも同様です。

ステンレス製の釘のなかでも、スクリュー釘という釘があります。釘本体が螺旋状にできており、より強力に板同士をつなぎ合わせるため、可能であれば、このステンレス製のスクリュー釘を使用しましょう。

釘がさび、横板のベニヤ板がはがれて壊れかかった巣箱

釘の長さと蝶番の光沢

釘の長さの目安

使用する釘の長さですが、もっともよくつくられるシジュウカラなど小鳥用の巣箱をつくる場合には、板の厚みの2倍程度の長さの釘でも使用可能です。ただし、できれば多めに釘を打つようにしましょう。

中～大型以上の鳥用の巣箱をつくる場合には、目安として使用する板の厚みの2・5倍程度の長さの釘を使います。

気になる蝶番の光沢？

ステンレス製の蝶番は光沢《こうたく》があり、野外で日光が当たるとよく光るため、鳥たちが警戒して巣箱を利用しないのではないかとか、蝶番に色を塗って光らなくする必要があるのではないかなどという質問をよくいただきますが、この件に関しては、まったく気にする必要はありません。日光でステンレス製の蝶番が光っている巣箱でも、鳥たちはまったく気にすることなく繁殖に利用します。

第３章

小鳥用巣箱のつくり方とかけ方

適切な場所に小鳥用巣箱をかける

つくり方のポイント

つくり方・組み立て方の手順

小鳥用巣箱のつくり方・組み立て方の手順は、以下のとおりです。片屋根型を例に、解説していきます。

①板に切るための線を引き、各パーツの名前を書く
②前板と屋根板を残して板を切る
③前板に巣穴をあけ、前板と屋根板を切り離す
④横板、前板を打ちつける
⑤底板を調整。水抜き穴をつくり、取り付ける
⑥蝶番で背板に屋根を取り付け、ネジで固定する
⑦背板に巣箱固定穴をあける

防腐剤の塗布と劣化対策

以上の手順に加えて、場合により、つぎの作業があります。

⑧屋根などに防腐剤を塗る

これは、かならずしも塗らなければいけないということではなく、巣箱の表面の劣化を遅らせたり防いだりするためのものです。

木材用の防腐剤を塗るかどうか、どこまで（屋根、もしくは全体）塗るかは、あくまでつくり手の考え方しだいです。

ハンドメイドの小鳥用巣箱

巣箱のつくり方のポイント

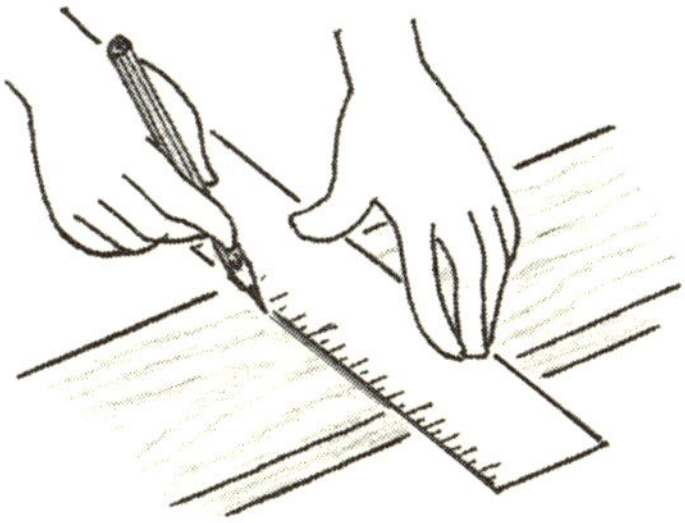

①板に切るための線を引き
各パーツの名前を書く

②前板と屋根板を残し、
板を切っていく

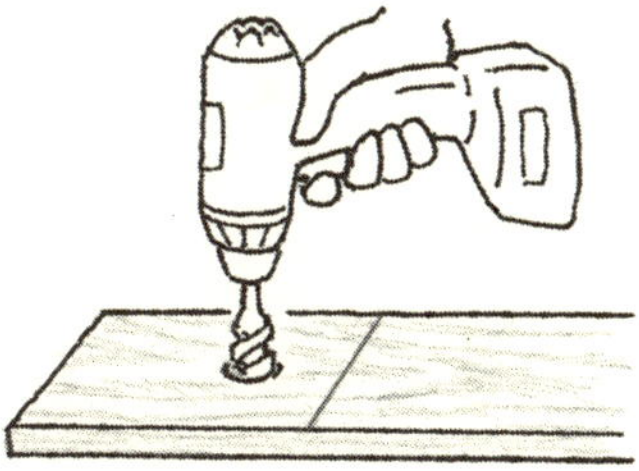

③電動ドリルを使って前板に
巣穴をあける

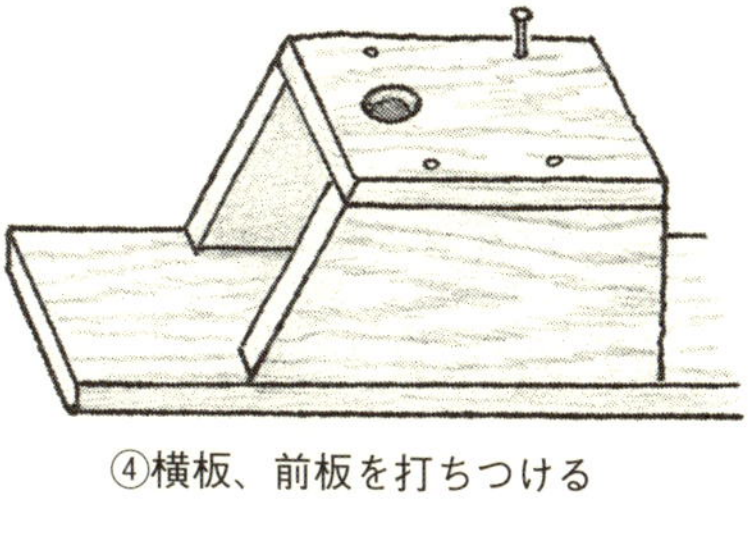

④横板、前板を打ちつける

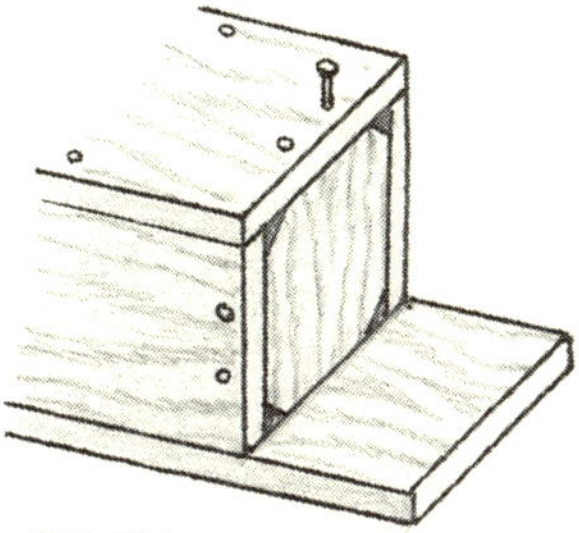

⑤底板をはまるように切って
から、水抜きを切り落とし、
打ちつける

⑥屋根板をネジで固定する

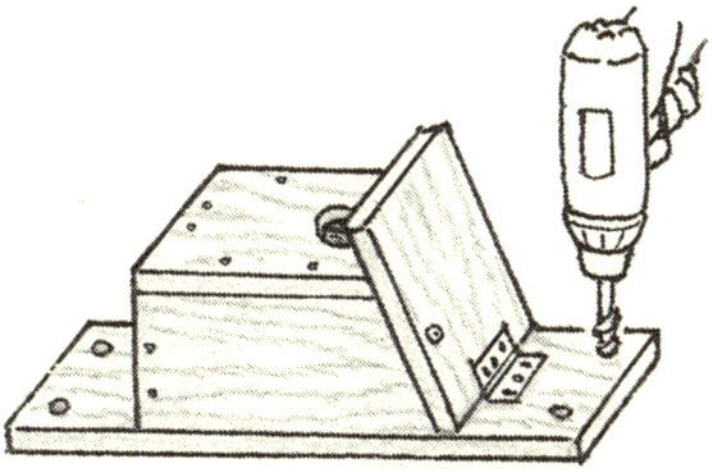

⑦背板に巣箱固定穴をあける

⑧屋根などに防腐剤を塗る

◆つくり方の手順①
板に切るための線を引き、各パーツの名前を書く

のこぎりで切るための線を引く

まず、板の表面にのこぎりで直線に切るための下書き（まちがいなく切るための線）を引きます。まちがった場合には消しゴムで消すことができるので、鉛筆の使用をおすすめします。鉛筆は濃いめ（2Bなど）がよいでしょう。設計図を参考に、物差しで線を書いてください。このとき、巣箱のパーツは、かならずしも設計図の順番どおりに板から取らなくてもかまいません。

むだなく配置する

注意する点としては、前板と屋根板、それに横板同士は設計図のように並べて配置するということです。

板の表面に切る場所を示す直線を引く

その理由は、これらを別々に配置すると、切る回数がそれぞれ1回ずつ増え、当然板にもむだな部分ができます。そのため、設計図を参考に、これらの板同士はお互い両隣になるように板の上に配置しましょう。

このことを念頭に、木目を見ながら、基本は設計図どおりに、木目が多い場合などはそれを避けるかたちで、板に線を引いていくとよいでしょう。

小鳥用巣箱の設計図

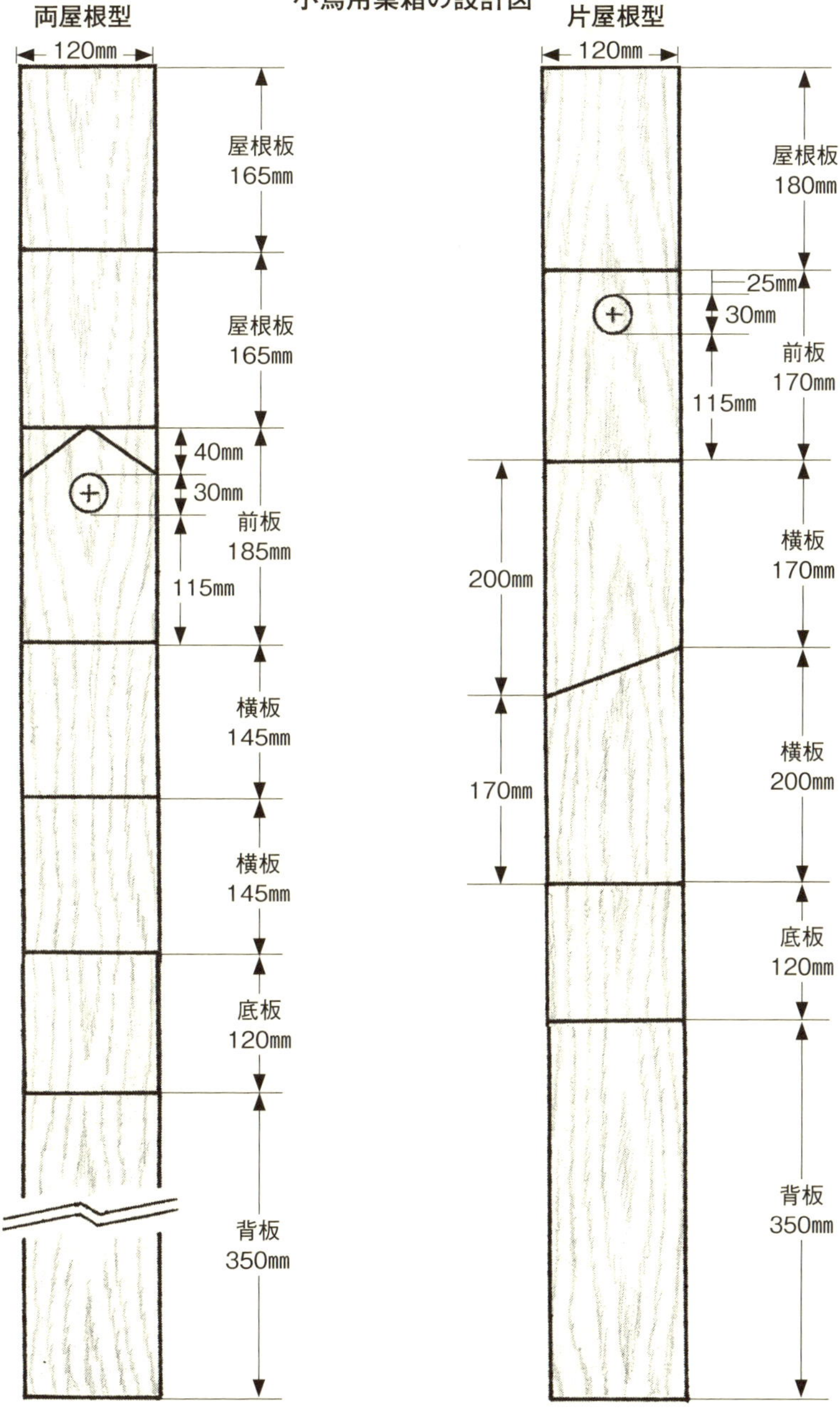
両屋根型
120㎜
屋根板
165㎜
屋根板
165㎜
40㎜
30㎜
前板
185㎜
115㎜
横板
145㎜
横板
145㎜
底板
120㎜
背板
350㎜
片屋根型
120㎜
屋根板
180㎜
25㎜
30㎜
前板
170㎜
115㎜
200㎜
横板
170㎜
170㎜
横板
200㎜
底板
120㎜
背板
350㎜

切り離すとわからなくなる

板に巣箱の各パーツを切る線を書き込んだら、つぎに各パーツの表面に、そのパーツの名前を鉛筆で薄めに書いておきます。紙のシールのようなものに各パーツの名前を書いて、それを貼る方法でもかまいません。

わたしはよく事務用品のインデックスを半分に切ったものを使用しています。

これはパーツによっては大きさが比較的似ているものがあり（とくに屋根板と底板）、一枚板の状態のままだと、どの部分がどのパーツかよくわかるのですが、切り離してしまうとよくわからなくなってしまうことがあるからです。

各パーツがわかるように名前を書いておく

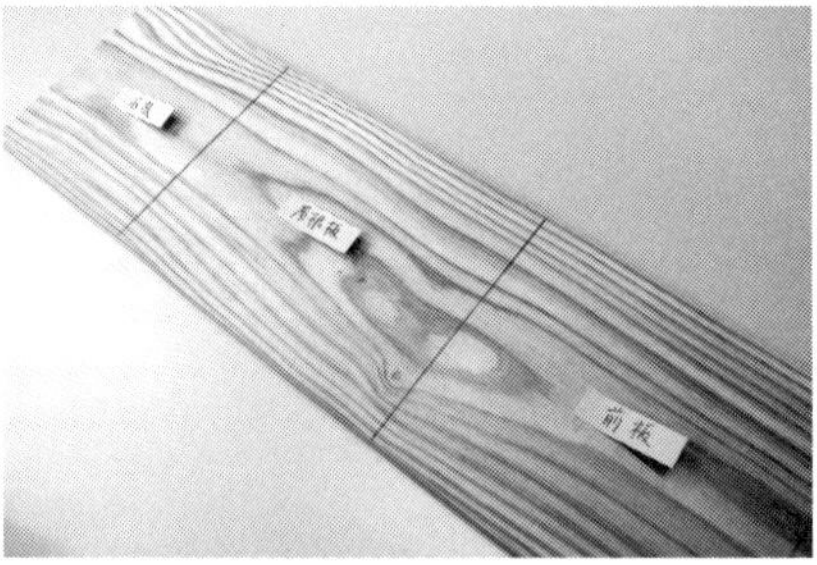

各パーツに部位を示す付箋を貼ってもよい

かならず事前に各パーツに記入

誤ってパーツを他の部分に打ちつけたり、利用してしまわないためにも、板に直接記入するか、付箋、シールなどに書いて貼るなどの方法で、屋根板は屋根板、底板は底板と事前に書いてわかるようにしておきましょう。とくに巣箱づくりの初心者の方はまちがわないためにも、かならずおこなったほうがよいでしょう。

この各パーツの名前は鉛筆で薄めに書くため、完成後に消しゴムで消すと容易に消えるので、あとに残ることはありません。インデックスなど紙のシールに名前を書いて貼った場合は、完成後に、それをはがすだけです。

◆つくり方の手順②

前板と屋根板を残して板を切る

前板に巣穴の中心位置（十字）を書く

長い1枚の板の各パーツの名前を、各パーツにわかるように記入すると、つぎは巣箱にとって重要な巣穴（出入口の穴）の位置を書きます。見栄えのよい巣箱をつくるためには、物差しで前板の寸法を測り、きちんと巣穴の位置を定めて正確な場所に巣穴ができるようにしましょう。

このとき、よくまちがえられるのが、巣穴の中心点と巣穴の下部との位置の違いです。設計図をよく見て、きちんとドリルの先端部がくる位置（巣穴の中心点）を見定めて板に十字の印をつけましょう。

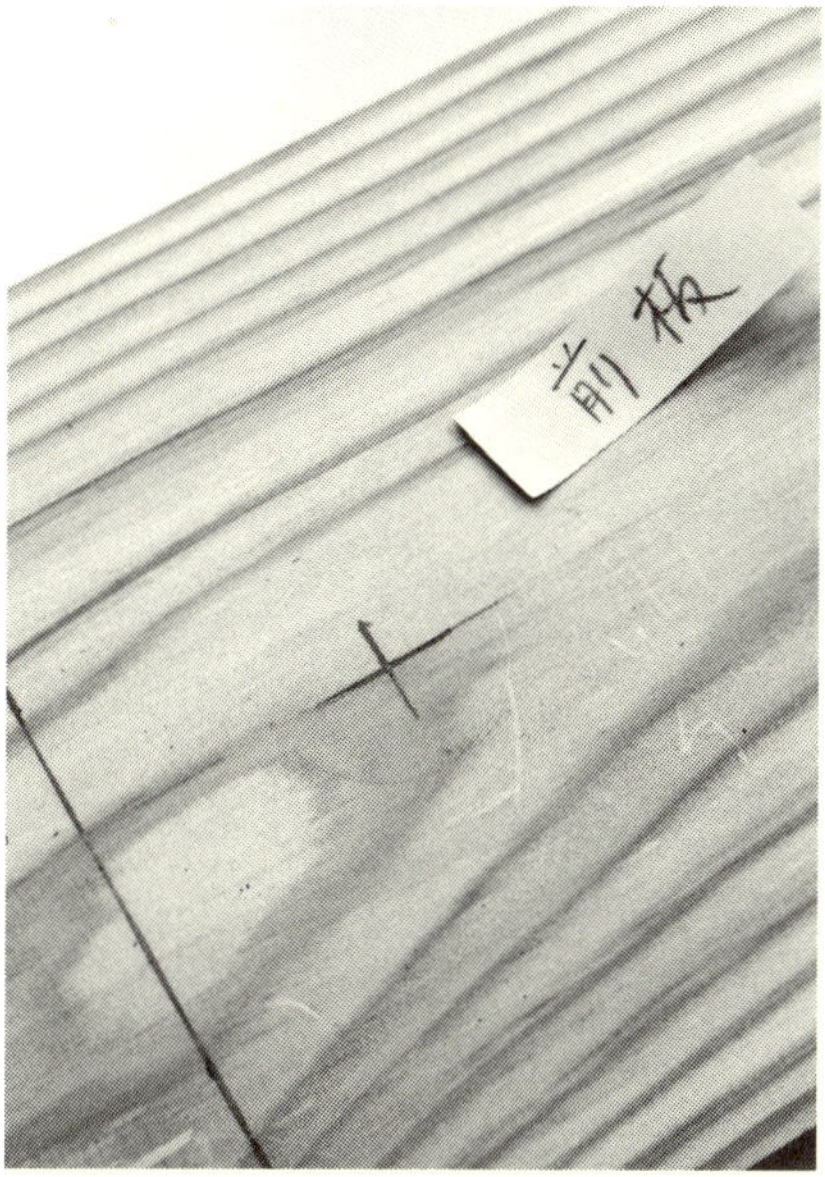

前板に巣穴の位置を示す十字を記入。屋根板とセットでつながっている段階で穴をあける

前板と屋根板を残して切断

一枚板をのこぎりで切りますが、一度にすべてのパーツを切断するのではなく、巣穴のある前板とセットになっている屋根板は、前板と切り離さないようにしておくとよいです。

それは前板に巣穴をあける作業を、より容易にするためです。

前板の巣穴は、その作業よりも前に前板を屋根板と切り離してしまうと、とくに通常よくつくられるシジュウカラなど小鳥用の巣箱では、前板のパーツがあまり大きくないため、うまく板を押さえにくく、ドリルで巣穴をあけにくいためです。

◆つくり方の手順③
前板に巣穴をあけ、前板と屋根板を切り離す

小鳥用巣箱の巣穴直径は30㎜

巣箱の巣穴の大きさは利用する鳥の種類によって異なり（29頁表参照）、小鳥用巣箱はシジュウカラ、ヤマガラ、スズメ、ムクドリを対象としていることから巣穴の大きさを直径30㎜の円形とします。

かつては巣穴の大きさを直径28㎜にするとスズメが出入りできず、シジュウカラ専用になるといわれていましたが、じつは直径28㎜にしてもスズメが利用し、繁殖することは可能です。かならずしも巣穴の直径で鳥の種類を厳密にわけることはできません。

そのため、一般的には巣穴の直径は30㎜を目安にしておくのが妥当と思われます。

前板にドリルを使って巣穴をあける

丸い穴を的確にあけるための道具が、電動ドリルの先端につける切削工具ドリルビット。刃先が螺旋《らせん》状についており、30㎜の径のものも入手しやすく、使いやすくて巣穴が美しく仕上がります。

ただし、子どもたちだけで電動ドリルを使って巣穴をあけるとなると、操作するときにちょっとした力や技術が必要なために安全面の問題が残ります。教師や父兄の出番です。また、ドリルがない場合、巣穴をあけるためだけに購入するとなると出費がか

より的確に穴をあける切削工具ドリルビット

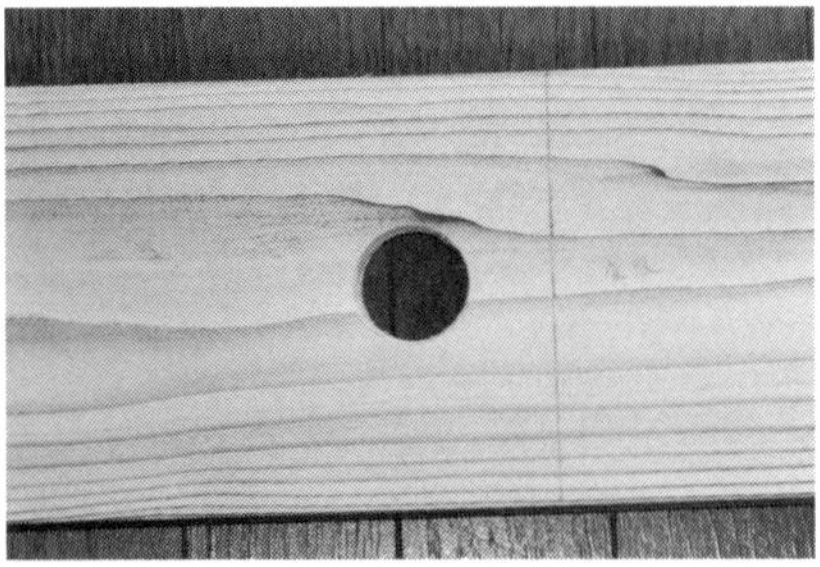

ドリルビットで巣穴をきれいにあける

切り離したすべてのパーツ

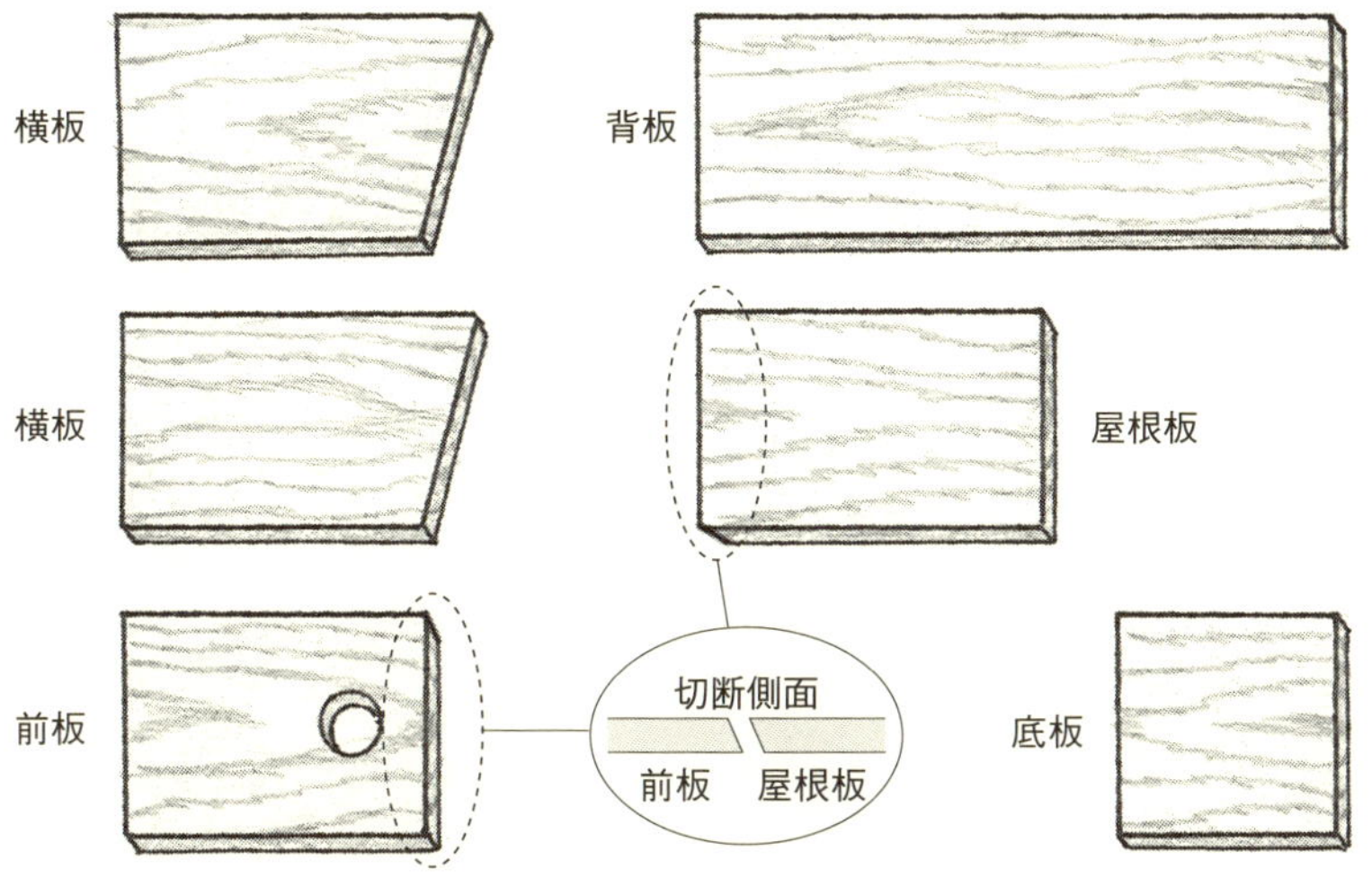

注１：前板上部と屋根板の切り離す部分は斜めに切断する
注２：底板は組み立てるとき、底にはまるように調節して切り落とす

さみます。板を求めたホームセンターなどに相談し、タイミングを見計らって巣穴をあけてもらうこともできます。工賃が必要な場合もあるでしょう。

なお、糸のこや細のこを使って丸い穴はもちろんですが、大型巣箱に見られるように四角（縦横30㎜の正方形）の穴をあけてもよいでしょう。

前板と屋根板は斜めに切断

前板に巣穴をあけたら、つぎは前板と屋根板を切断します。このとき、屋根板がかかる前板の上部を30度の角度を目安に斜めになるように切断します。横板と前板の斜め部分が横から見て直線になるように切断します（50頁下段の写真参照）。

当然ながら隣の屋根板のほうも斜め切りになり、斜め切りの尖った側を上にして背板に取り付けることになります。

これで一枚板のすべてのパーツを切り離すことになります。

◆つくり方の手順④ 横板、前板を打ちつける

背板に横板を打ちつける

組み立ては、まず背板に横板を釘で打ちつける作業から始まります。

背板に横板を当てて、上下の余裕がどちらともほぼ均等になるような位置に横板を打ちつけます。横板の長い辺が背板につくようにし、1辺に2か所釘を打ちつけます。

このときのコツは、背板に一方の横板を打ちつける位置を決めたとき、横板の上端にあたる位置に背板をぐるっとひと回りするように一周、線を引いておくことです。物差しや直角定規などを使って、背板と直角になるように正確に引いてください。

その線を利用して、2枚の横板の上端をそこに当てて打ちつけると、2枚の横板が上下にずれずに正確な位置に打ちつけることができます。

背板に横板を2枚打ちつける

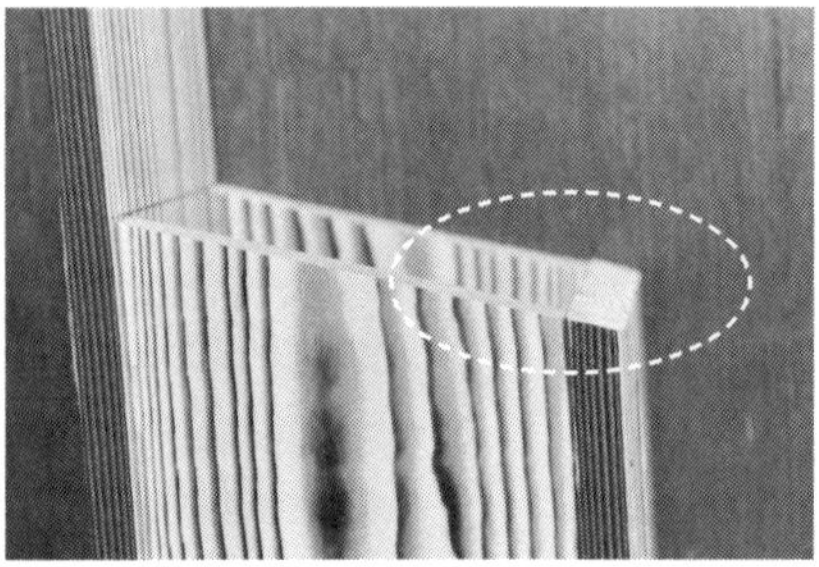

横板と前板の斜め部分が直線になるように

横板に前板を打ちつける

横から見て、横板2枚の上端が、きちんと水平になるように打ちつけられているのが確認できたら、つぎはそ

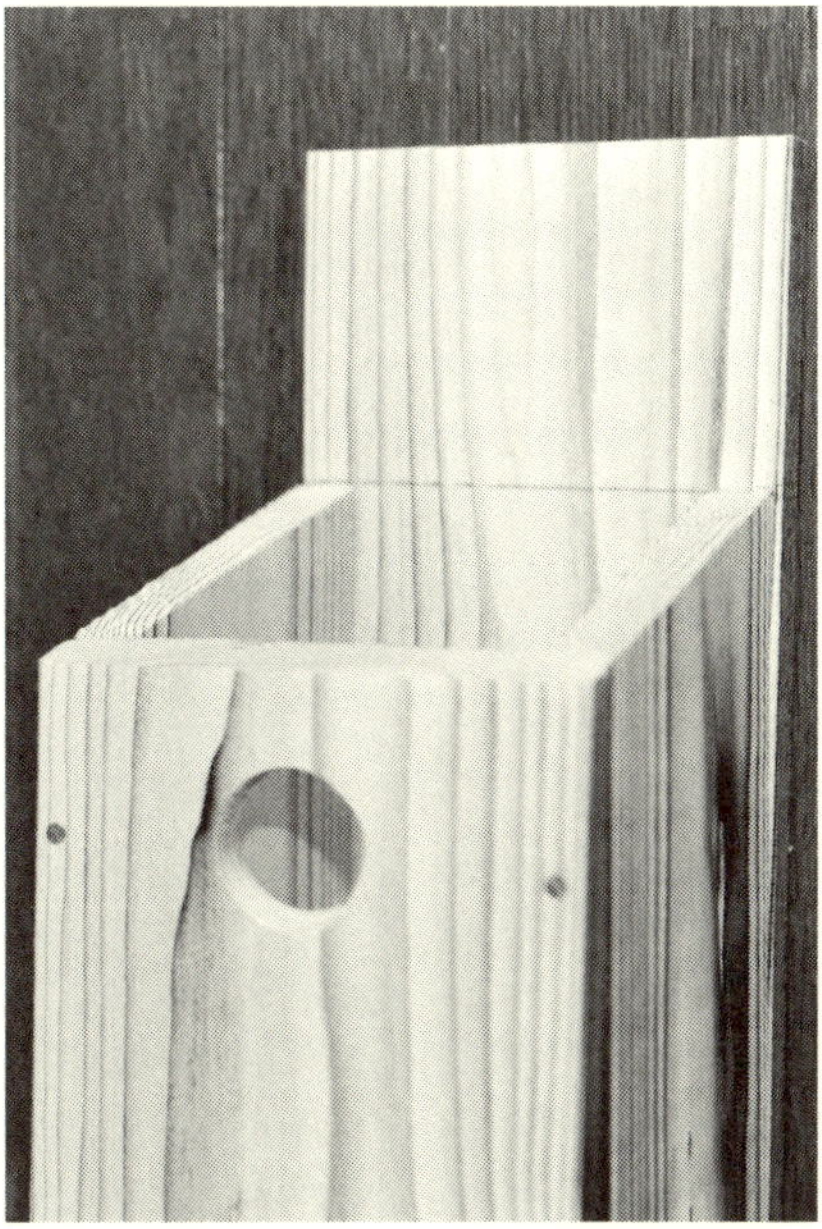

横板に前板を打ちつけ、取り付ける

の2枚の横板に前板を打ちつけます。

この場合の注意点は、横板の上端の斜めの部分、つまり屋根の傾斜になる部分の先端と、前板の上部の斜め切りした部分の角度が、できるだけきれいな流れになるように前板を取り付けます。このラインがスムーズに流れると、完成後に巣箱がきれいに見えます。

この段階で巣箱を何度かひっくり返してすべての釘を打ち直し、釘の入りをより強固にします。

◆つくり方の手順⑤ 底板を調整。水抜き穴をつくり、取り付ける

底に収まるように長さを調整

底板は、切り離したほかの板のパーツとは異なり、組み立てるときに、個々の巣箱に合わせて長さを調整する加工が必要です。

設計図では、巣箱の底板は便宜上正方形となっていますが、実際には、この図のままでは底板は巣箱の底の部分にきちんと収まりません。巣箱の底板としてうまく収まるようにするためには、実際には、使用した板の厚みの2枚分ほどを、少しずつ切りながら長さを調整していく必要があります。

調整する部分は、使用する板の厚みによって異なるため、図示できないのです。また、個々の巣箱の板の反り返り具合によっても異なるので、個々の巣箱に合わせた調整が必要になります。

方法は、巣箱を逆さにして底板の一方向を巣箱の中に入れて、もう一方も巣箱の中に収まるような位置に、真上から見て鉛筆で線を引いて、その線に従ってはみ出した部分をのこぎりで切断します。

ふつう、一度でうまく収まることは少なく、何度か線を引き直して、数回調整してうまく収まるようになることが多いです。

水抜き穴をあける

きちんと巣箱の底の部分に収まるように長さを調整した底板を打ちつける前に、底板の4か所の端のすべてを、底板として打ちつけたときに水抜き用の穴になるように切り落とします。

このとき、シジュウカラなど小鳥用の巣箱の場合、切り落とす大きさは、直角三角形の短い2辺（つまり直角部分から伸びる2辺）の長さは10㎜程度が適当です。中～大型の鳥用の巣箱（万能巣箱など）の場合、15㎜程度です。上にピートモスや鳥たちが運び込む巣材がのるため、小さめよりは、思い切って少し大きめに切り落とすほうがよいでしょう。

日本の鳥類の繁殖期は6～7月の梅雨どきのことが多いので、排水のための水抜き穴はきわめて重要なのです。

底板の状態

組み立てるとき、底に収まるように
底板を切って長さを調節する

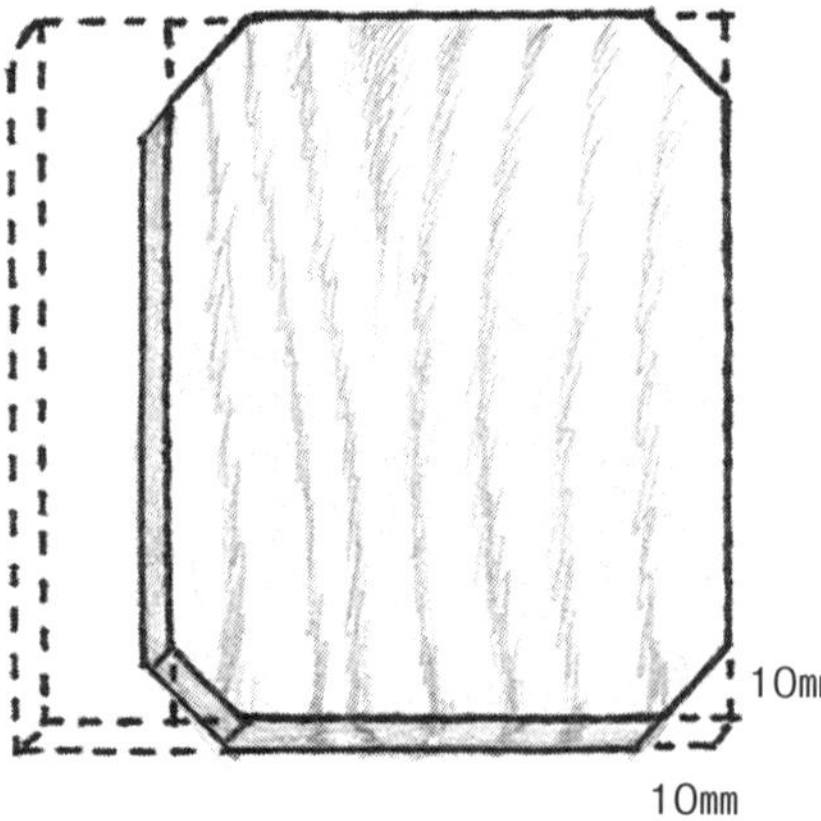

四隅を切り落とし、
水抜き穴をあける

底板を取り付ける

底板の取り付け方は、ふつうに釘で打ちつけて固定するだけでもいいのですが、ひっくり返した巣箱の下部の枠に底板をギリギリ収まる長さにして、下から金槌で軽く打ち込んで、まるで酒樽の蓋をはめ

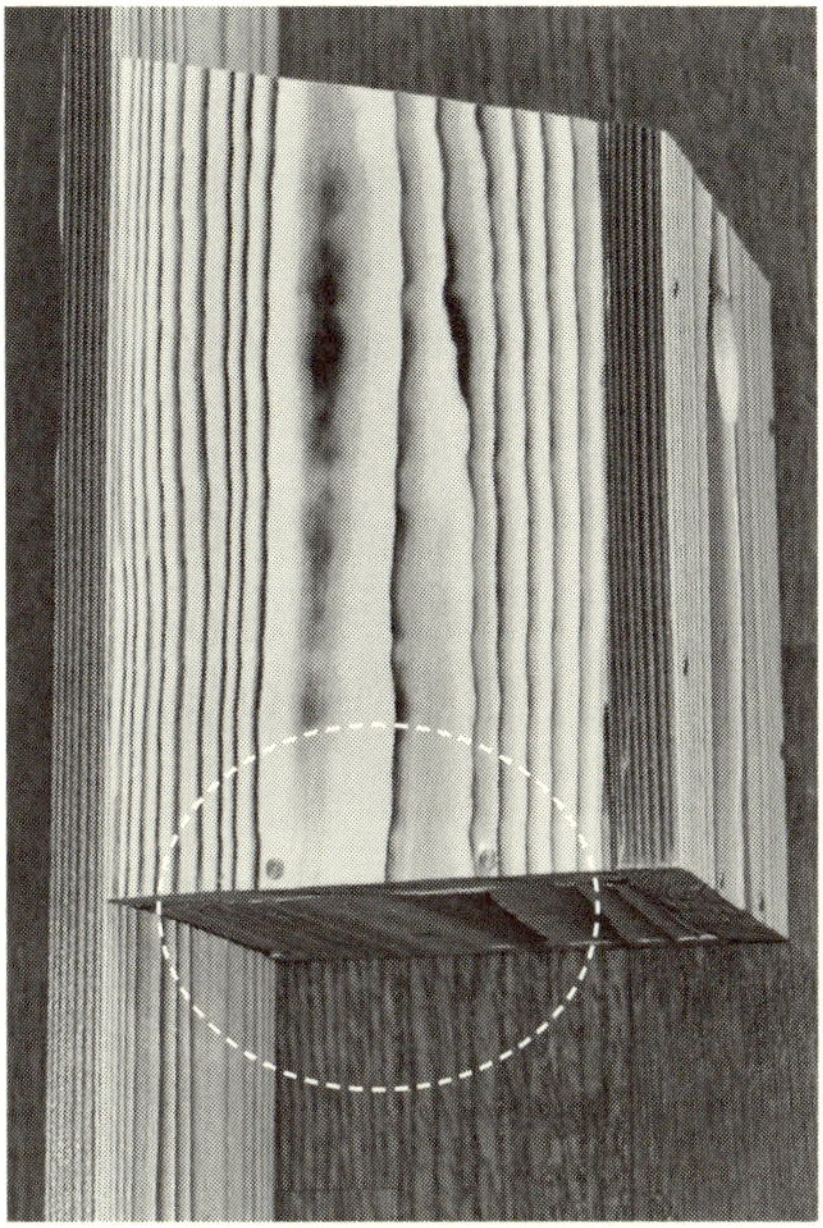
釘を打ちつけ、底板を固定する

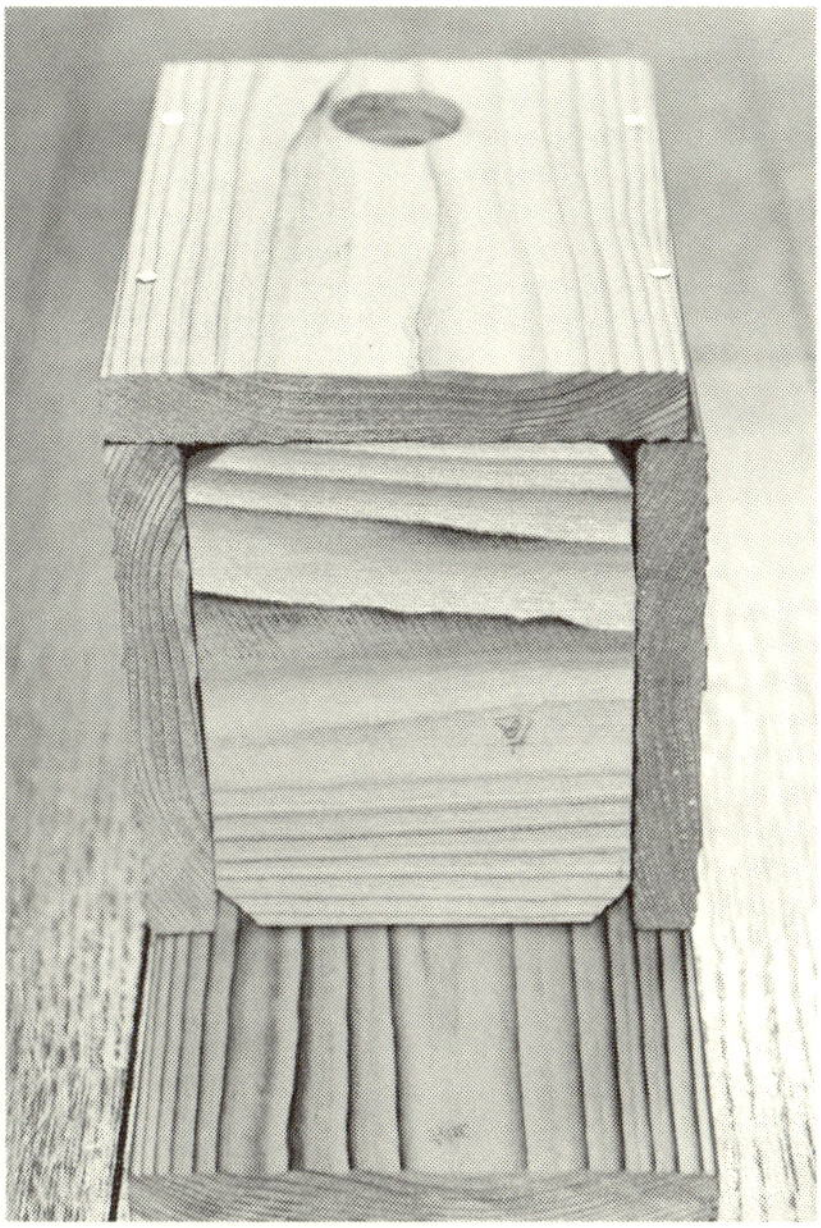
大きさを調整して底板をはめ込む

るように入れて固定し、そのあと1辺に2か所釘を打ち込んで固定する方法があります。
この方法のメリットとしては、底板が釘に加えて非常にしっかりと固定されるため、万が一釘がゆるむようなことがあっても、底板が落ちにくいことです。可能ならこの方法をおすすめします。

すべての釘を打ち直し、より強固に

ここまでつくった段階で、巣箱を何度かひっくり返し、もう一度すべての釘を打ち直し、釘の入りをより強固にします。かならず、板の1辺には2本以上（中～大型の鳥の巣箱では3本以上）の釘が打ち込まれているかのチェックをしてください。

打ち忘れている場合は、釘を追加して打ち込みます。つぎに屋根板が取り付けられると、釘を打ちにくくなりますので、この段階で、可能なかぎりすべての釘を強く打ち込んでおきましょう。

◆つくり方の手順⑥
蝶番で屋根を取り付け、ネジで固定する

屋根板を取り付ける

屋根板の上下と前後をまちがえないように取り付けます。つまり斜め切りの部分が背板のほうにくるように、そして斜め切りの尖ったほうが上側にくるようにして、蝶番で固定します。

この屋根板を取り付けるにあたっての特別なコツというわけではありませんが、蝶番はかならず動く部分の屋根板側から先に取り付けてください。つぎに、屋根板を背板にネジで固定します。これで、巣箱の屋根を開閉します。この屋根板を蝶番で開閉することもできるというところが、この巣箱のもっとも特徴的な点です。

屋根板を横板に固定する

屋根板を横板にネジで固定します。まず、屋根板を閉じた状態で巣箱を上から見ます。そして屋根板が横板にのっている部分の中央に、鉛筆で軽く印をつけます。

つぎに、ネジよりも細い穴のドリル（直径3㎜程度）で屋根のその位置に穴をあけます。もちろん、錐でも代用できます。穴は下の横板の上部まできちんとあけます。

注意点は、このときにあまり深く穴をあけると、横板にあいた穴が広くなり、ネジで止めたときに止めがゆるくなってしまうことです。そのため横板には、深させいぜい10㎜程度までドリルを止めることです。屋根と横板を貫通して同じ位置に穴があいたら、そこにプラスドライバーでネジをねじ込んで、横板に屋根板を固定すれば終了です。

これで、何年たっても確実に屋根を固定することができ、しかも必要なときには屋根を開くことができます。そしてなによりも安価で固定でき、カラスなど天敵にも絶対に外されることはありません。

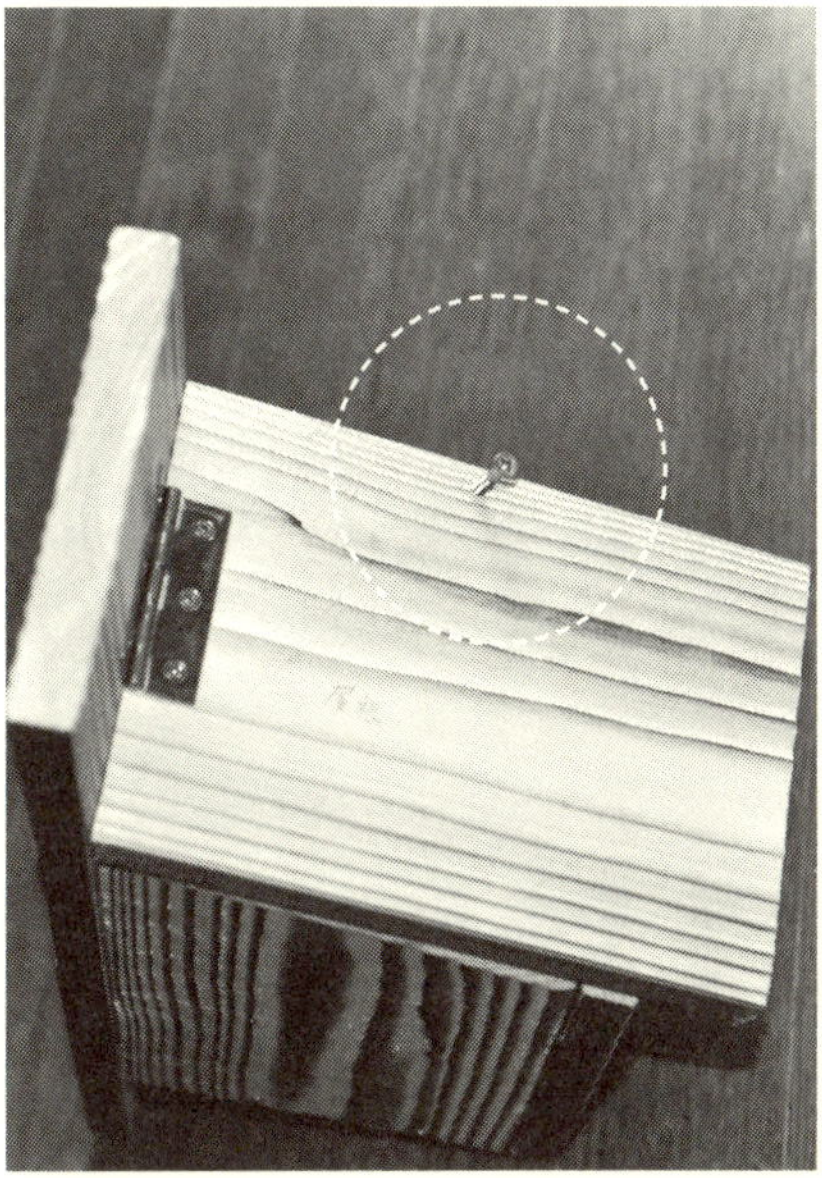
屋根板に穴をあけてネジを取り付け、屋根板を固定する

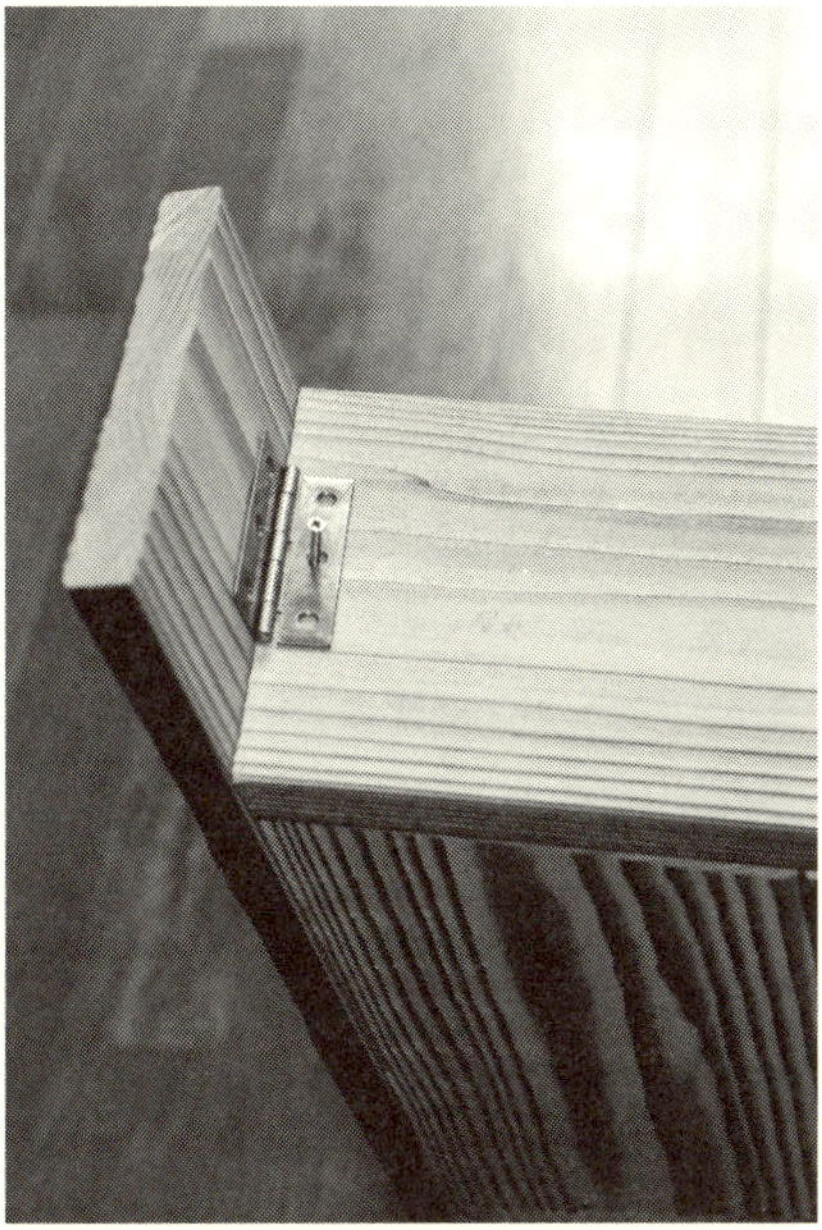
屋根板と背板に蝶番を取り付ける

両屋根型巣箱の屋根の取り付け方

両屋根型巣箱の屋根の取り付け方ですが、さまざまな方法があります。ここでは蝶番を使わずに、ネジ2本で固定する方法について述べます。

まず、屋根板2枚を巣箱の屋根部分に置いて、完成後のイメージをつかみます。どちらかというとビジュアル重視の両屋根型巣箱では、好みに応じて巣穴の上部のひさしの長さを調整してもかまいません。ひさしがまるでない場合から深めの場合まで、好みと庭の感じに合わせて調整する人が多いようです。また、きれいに屋根をのせるため、修正が必要な場合もあります。

小鳥用巣箱では、巣穴の大きさが30㎜と小さいため、中に雨が入りこむことが少なく、また天敵のカラス類のくちばしも中に入らないため、このようなことも可能なのです。

それから、屋根板2枚をL字型に釘で打ちつけ、横板の上に置きます。前頁で述べたとおりネジで屋根を固定する方法で2か所を固定すれば完成です。

◆つくり方の手順⑦

背板に巣箱固定穴をあける

シュロ縄などを通すための穴

最後に残されている作業は、樹木などに巣箱を固定するためのシュロ縄などを、背板に通すための穴である巣箱固定穴を、背板にあけることです。

背板のどの部分に巣箱固定穴をあけるかは、比較的自由です。通常は背板の四隅の上下と左右から2〜3㎝程度のところにあけることが多いでしょう。穴の大きさは巣箱の固定に使用するシュロ縄などの太さ（直径）によります。事前に使うひもを決めておいて、それが比較的容易に通せる大きさの穴をあける必要があります。

とくに背板の上部にあける巣箱固定穴は、シュロ縄など巣箱の固定に使用するひもなどを2本通しますので（67頁参照）、巣箱の固定に使用する縄などが2本通りやすいかどうか、事前に確認しておく必要があります。

巣箱の固定と背板の長さ

背板の長さが巣箱よりも比較的長いのは、巣箱をよりしっかりと樹木などに固定するためです。基本的に背板が長くなればなるほど巣箱の上下のふれは相対的に小さくなり、しっかりと固定できます。しかし背板が長くなればそれだけ板も必要になり、巣箱全体の重量も重くなります。そのためこの本では、理想的と思われる巣箱の背板の長さを示しています。

背板が巣箱の長さとあまり差がないと、しっかりと巣箱を樹木などに固定しにくくなります。比較的小型で軽量なシジュウカラなど小鳥用の巣箱の場合には、それほど長い背板でなくても巣箱を固定することは可能です。逆に、重量のある中〜大型の鳥たち用の巣箱の場合、背板を巣箱の長さ（横板のもっとも長い辺の長さ）よりもかなり長めにしておかないと、巣箱の固定はむずかしくなります。

◆つくり方の手順⑧

屋根などに防腐剤を塗る

通常は塗らなくてもよい

通常は塗る必要はありませんが、せっかくつくってかける巣箱です。

できるだけ長もちさせたい場合や、中～大型の鳥たち用の巣箱で、高い場所にかけるためなかなか維持・管理がむずかしい場合などには、巣箱の表面に木材用の防腐剤を塗ると、巣箱の板の表面の劣化を遅らせることができて、維持・管理にかかる手間を少なくすることができます。

防腐剤にはさまざまなメーカーのさまざまな商品がありますが、わたしが通常使っているのは、主に庭の板塀などの表面に塗る防腐効果のある透明な塗料です。スギの板を使っている場合は、スギ板用のものもあります。

塗る場合は屋根が優先

防腐剤をどこまで塗るかは気持ちしだいです。巣箱の表面全体に塗ってもよいし、好みで内部まで塗ってもよいでしょう。ただし、かならず塗らなければならない場所があります。それは屋根です。屋根は雨ざらし日ざらしで、巣箱のなかでは通常もっとも劣化のスピードが早い部分です。

どこまで塗るかは気持ちしだいですが、防腐剤を塗るのであれば、かならず屋根には塗るようにしてください。屋根に塗る場合は、屋根板のひさしの下にあたる部分も念入りに塗るようにしてください。

塗る場合には、かならず2回以上塗るようにしてください。1回目の塗りは板がすぐに吸い込んでしまうので、複数回塗る必要があるのです。わたしは通常、3回塗るようにしています。

塗るときは屋根が最優先

巣箱の耐用年数と劣化対策

耐用年数は10～15年

巣箱は少なくとも機能的には、40年近くはもつのではないかと思います。しかし現実的には、やはり長い年月がたつと巣箱の表面はいかにも古びてくるし、巣箱の表面が古くなってくると、カラス類やネコなどに対する防衛力は低下するでしょう。

ガスバーナーなどで表面を焼き焦がす

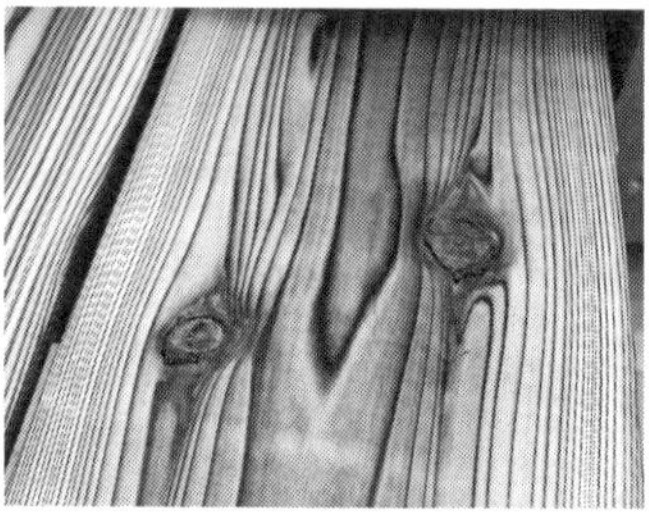

あらかじめ焼いたスギ材も市販されている

これらのことからすると、やはり10～15年くらい、最長でも20年くらいで新しい巣箱と交換するのがよいと思います。

焼き焦がして耐久性を高める

巣箱の耐久性を高める手段として、表面を焼きます。つまり火で焼き焦がし、巣箱の板の表面をもっとも安定した物質である炭素にすることで、巣箱の耐久性を高めるものです。

ただし、巣箱の場合、通常はそれほど深くまでは焼かないので、日当たりのよい場所に巣箱をかけた場合、2～3か月程度で巣箱の表面は白くなってしまい、焼く処理をしなかった巣箱と見分けがつかなくなります。しかし表面の一部が炭化しているので、焼く処理をしなかった巣箱よりは長もちします。

ホームセンターなどでよく売られているカセットガスの口に火を放射する金具（ガスバーナー）をつけて、板の表面が黒くなるまで焼きます。その後、わらや新聞紙などで表面を磨くと、木目の目だつ見栄えのする巣箱ができあがります。

巣箱をかける木とかける高さ、場所

巣箱をかけるのに適した木

巣箱は、巣箱のまわりに天敵であるヘビ類やネコなどが巣に近づくための足がかりとなる木の枝や茂みなどがない「幹が電柱状の木」にかけると、鳥たちはもっともよく利用します。

巣箱をかける高さは、小鳥用の場合、地上1・5〜2・5m程度（スズメの場合2・5m以上）、万能巣箱で約5mです。つまり、地上からこの巣箱をかける高さよりも上まで枝がなく、幹が電柱のような木を探してかける必要があります。

また、それ以外にもいくつか条件があります。詳しくは、巣箱かけに理想的な木とは、以下の条件を満たした木のことです。

①地面から巣箱をかける高さより上まで枝がないこと

②幹のすぐ近くに、横の他の木の枝が伸びてきていないこと

③幹に蔓性の植物などがからみついていないこと

④幹が巣箱の取り付けに適した場所がある側に向かって、少し傾いていること

小鳥用巣箱の理想的なかけ方。高さは1.5〜2.5m

針葉樹（左）と広葉樹。針葉樹は下枝が少なく、主幹が柱状に直立しているので、広葉樹より巣箱かけに適していることが多い

巣箱をかけるのに適した木の可否

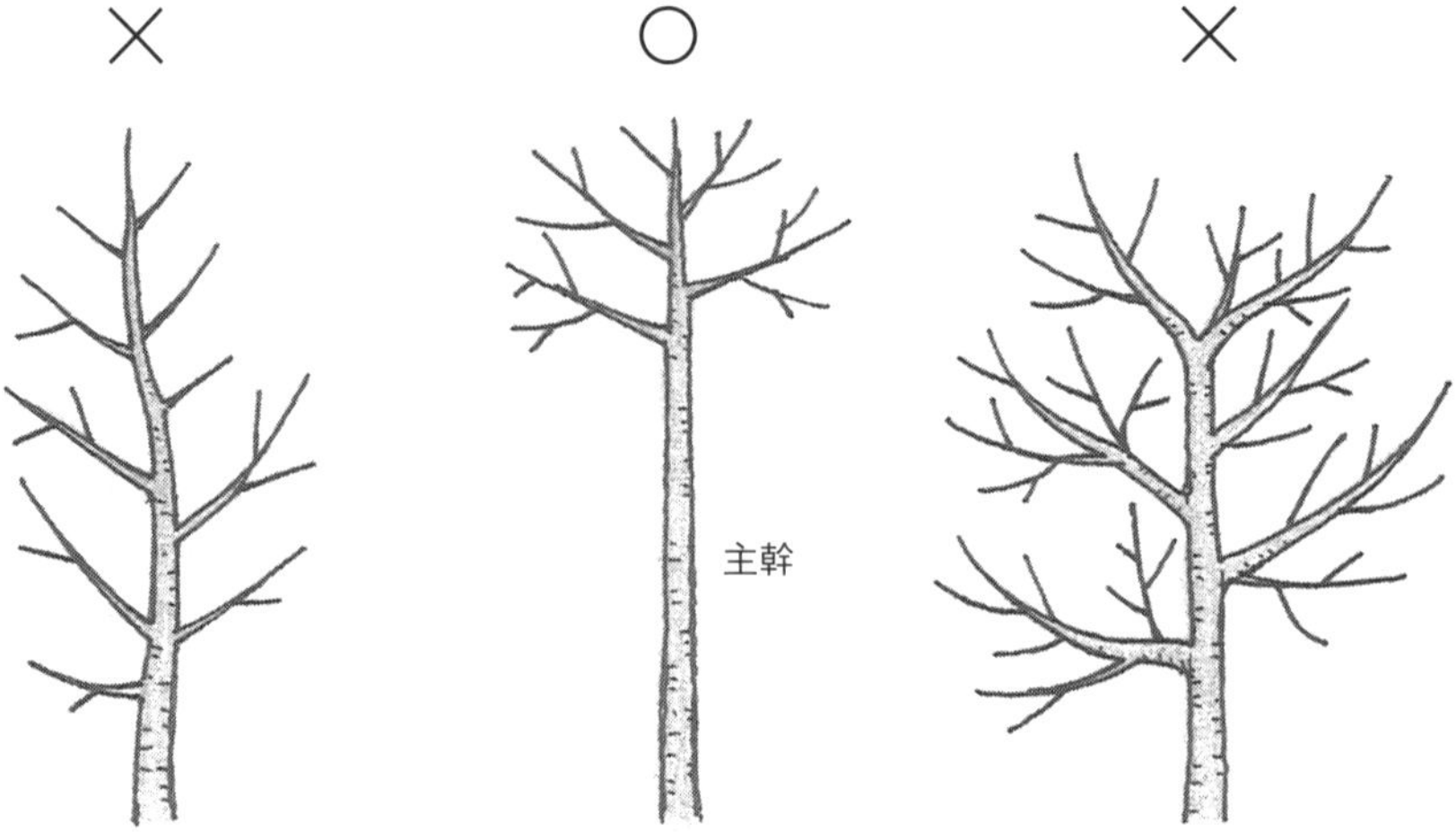

主幹から多くの主枝などが出て、ヘビ類やネコなどの足がかりになりやすい

主幹が電柱状の木になっており、幹の周囲が広い空間となって開けている

主幹から主枝、側枝が伸びて茂みになり、巣箱の周囲がふさがってしまう

巣箱をかける木の場所・状態の適否

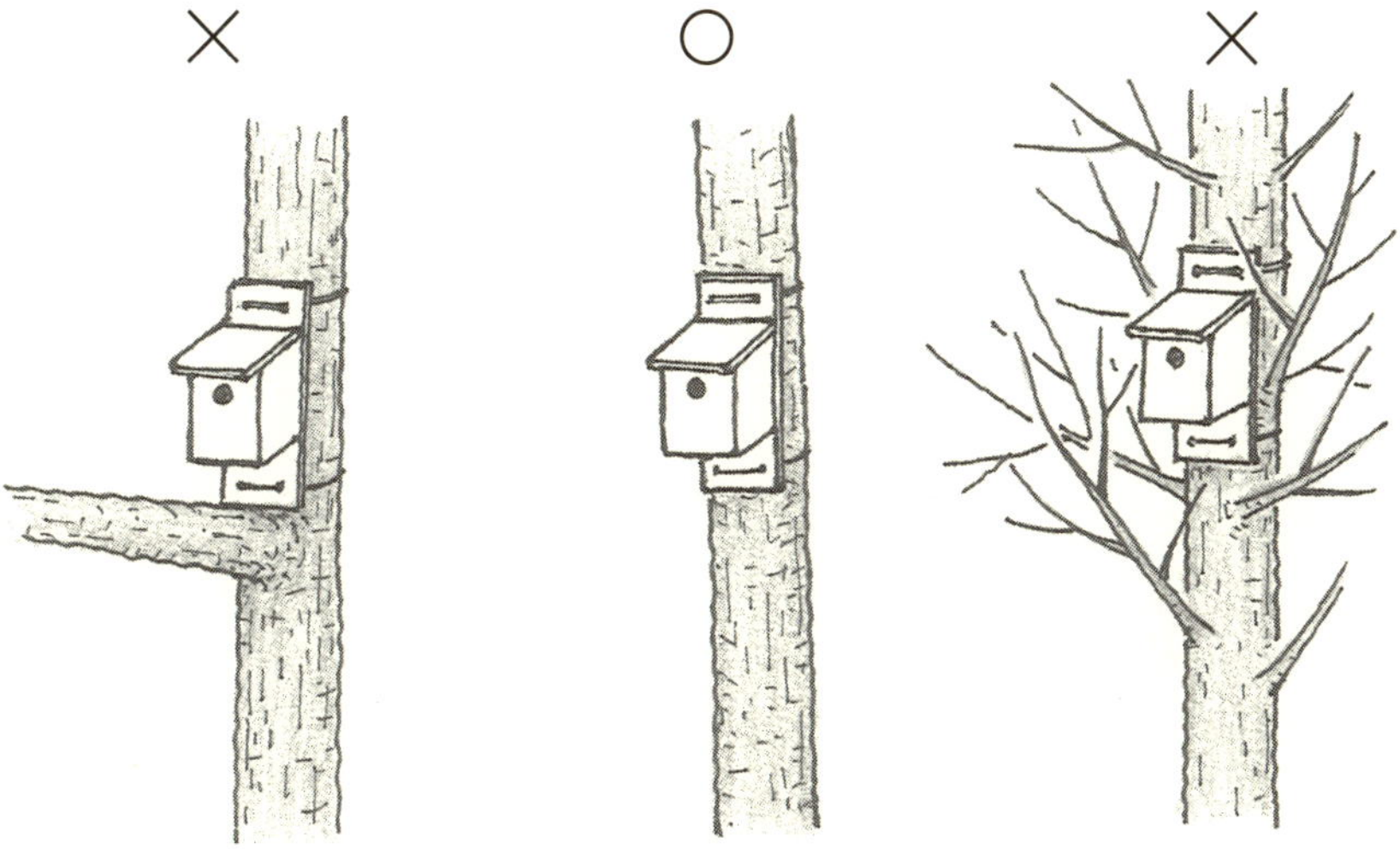

木の叉や枝の上に巣箱をかけない

地面から巣箱をかける高さより上の辺りまで枝がない

木の枝が茂った中には巣箱をかけない

かける木の高さと場所

かける木がある場所では、大きく森林内の場所でいうと、鳥たちは多くの場合、森林の外側である林縁部を営巣場所として選びます。林縁部には多くのパターンがありますが、土地の境界で、横が水田や畑、住宅地になっている場合は、その境界近くが林縁部にあたります。

また、広大な森林内でも大きな木が倒れた場所には森林内にぽっかりと穴のように木がない場所ができますが、そのような場所に隣接した場所も林縁部にあたります。

つまり、林の縁にある木で、根元から少しの間枝がなく幹が電柱状の木の周囲が開けた部分に巣箱をかけると、鳥たちに利用される可能性がもっとも高いということになります。この条件に合う木は、たくさんの樹木がある森のなかでも、それほど多くはありません。

なお、巣穴の入り口の向き（方位）は、東西南北どの方向でもかまいません。

巣箱をかけるのに必要な材料・道具

巣箱を固定するシュロ縄など

巣箱かけに必要なものは、以下のとおりです。基本的には、通常もっともよくかけられる型の巣箱である、シジュウカラなど小鳥用の巣箱をかける場合を想定して示しています。

シュロ縄、または針金

これで巣箱を樹木の幹などに固定します。巣箱を固定する場所により、シュロ縄か針金か使い分けます。シュロ縄は、木の幹を傷めないため、生きた樹木に巣箱をかける場合に使用します。シュロ縄は、太さ7〜8㎜程度の、できるだけ太いものを使いましょう。針金は、これも釘などと同様にさびないステンレス製のものを使用しますが、針金の太さは0・9㎜でじゅうぶんです。

かけた巣箱を利用するシジュウカラ

必要となる道具

はさみ、ナイフ、もしくはペンチ

巣箱を木の幹などに固定するためのシュロ縄などを、必要な長さで切るために必要です。ペンチは、柱や人工物などに、針金で巣箱を固定する場合に使用します。

はしご、もしくは脚立

巣箱を人の背丈よりも高いところにかける場合に必要です。ヘルメットが必要になる場合もあります。

巣箱かけの主な材料・道具

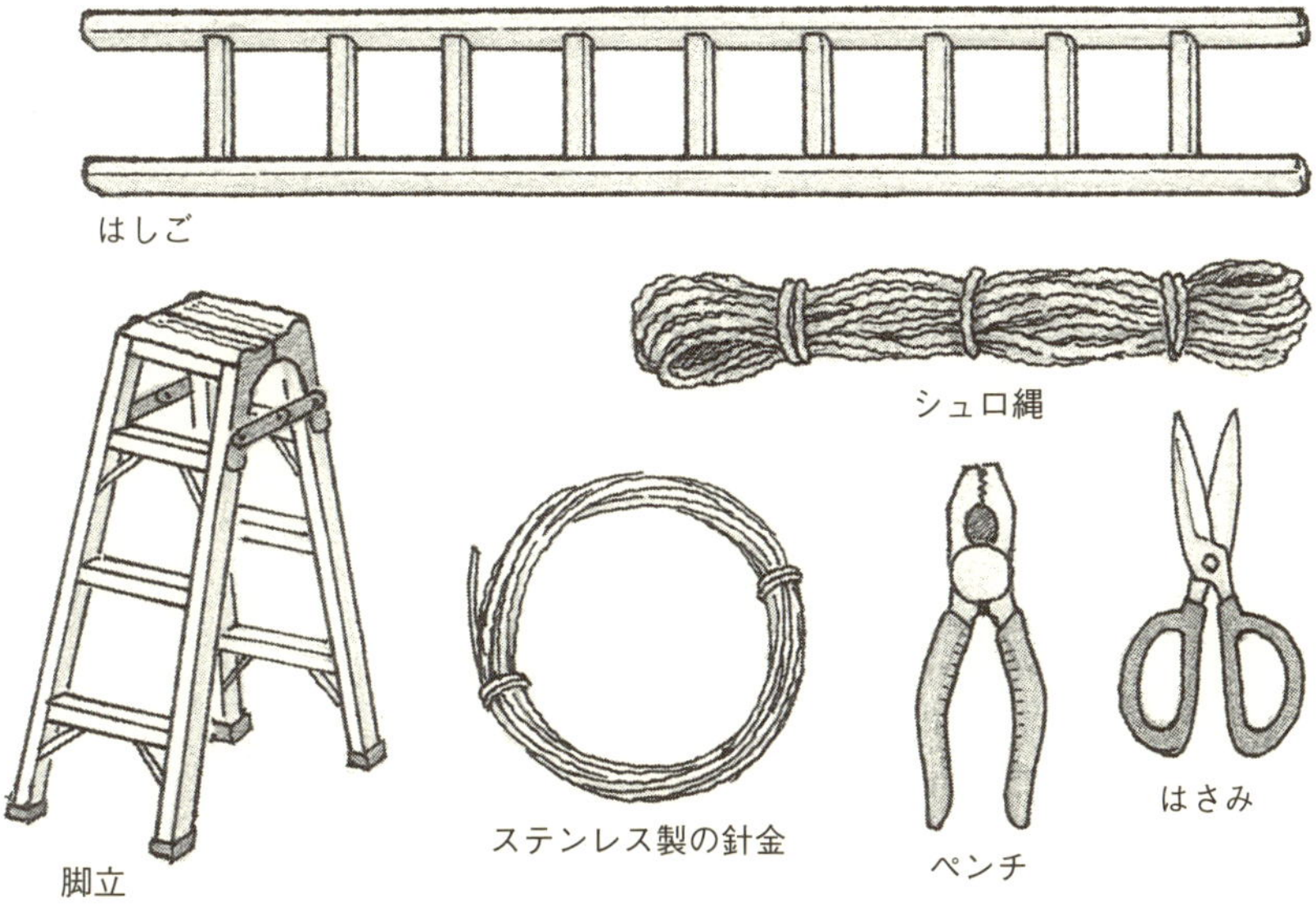

脚立をぐらつかないように立て、2名以上のときは巣箱の受け渡しをする

巣箱をかけるための準備

シュロ縄を一晩水につける

巣箱は、多くの場合シュロ縄で木にかけますが、事前に準備が必要です。

その準備とは、シュロ縄を一晩水につけておくことです。そうすることで水を吸ったシュロ縄が伸び、かける直前まで水につけておくことで伸びたまま巣箱をかけることができ、その後乾燥し縮むことで、巣箱をよりしっかりと木に固定することができます。また、濡れたシュロ縄は柔らかくなり、作業がしやすくなることもあります。

事前にシュロ縄を水につけておくことをせずに、シュロ縄が乾燥したまま巣箱をかけると、巣箱をかけたあとに雨が降るとシュロ縄が伸びて、木に取り付けた巣箱がゆるむ原因の一つとなります。シュロ縄は硬くて伸び方が遅いため、洗面器の中などに入れた水の中に、一晩つけておく必要があります。

棕櫚の幹を包む毛を編んでできたシュロ縄

シュロ縄を一晩水につけておく

シュロ縄は濡れたまま使用する

一晩水につけたシュロ縄は、ふたたび乾燥しないようにビニール袋などに入れて巣箱をかける現場まで運びます。

乾燥しないように、ビニール袋の口を輪ゴムなどでしっかりとめておきます。巣箱をかける直前にビニール袋から出し、濡れたまま使用します。

かけ方のポイント

事前準備が必要

事前準備は、数か月から1週間前程度までにおこなっておくようにします。

巣箱をかけようと思う場所に生息する鳥の種類を調べておくことや、その場所に巣箱をかけるのに適した木があるか確認しておくことが必要です。じつは、このことが巣箱かけが成功するかどうかのもっとも重要なポイントです。

前に述べたとおり（59頁〜）巣箱かけに適した木とその高さ、場所などについて見当をつけるようにします。とくに鳥は生態系のなかで「食べる、食べられる」という捕食関係があり、カラスやネコ、イタチ、ヘビ類などの天敵に襲われにくい場所にかける必要があります。

また、巣箱をかけるのに適した木や土地の所有者を調べておいて、事前に許可をいただいておくことが必要です。

巣箱を襲うハシブトガラス

最大の天敵アオダイショウ

巣箱かけの手順

ここで巣箱かけの手順を述べます。

①木の予定の場所に巣箱をかける練習をする
②巣箱固定穴にシュロ縄などを通す
③木に仮止めし、のちに本止めをする

◆かけ方の手順①

予定の場所で練習する

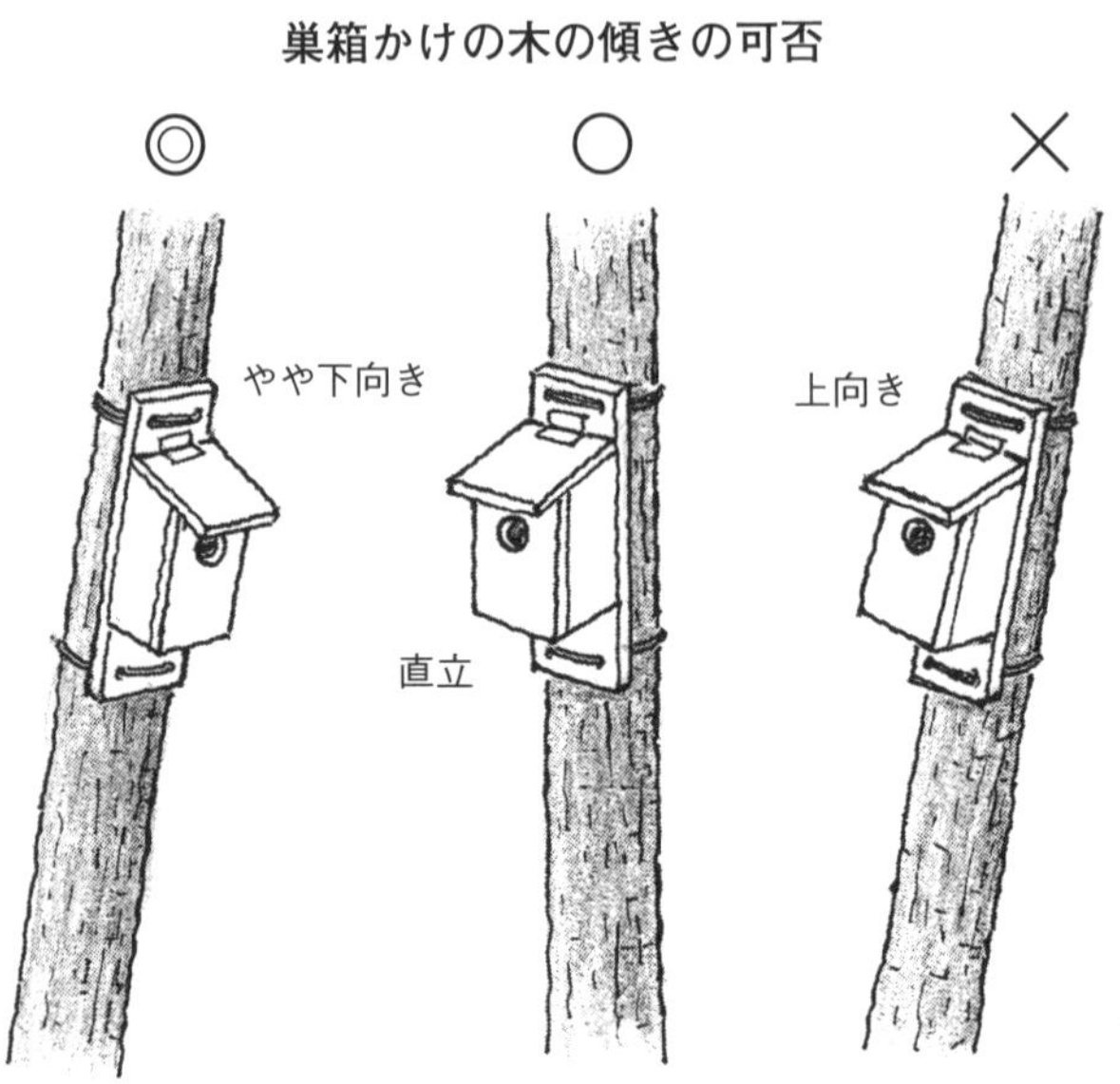

木の根元に巣箱やはしごなどを運ぶ

あらかじめ巣箱かけの木の是非を見きわめておき、そのうえで巣箱をかける木の根元にはしご、もしくはスライド式はしご、脚立を設置します。このとき、ぐらつかないように足もとをしっかりと固定してください。

巣箱をかける練習をする

木の根元にはしごを固定したら、かならず一度は巣箱をかける位置まで上って、巣箱をかける練習（シミュレーション）をしてください。これは、あとで、背板にある巣箱固定穴にシュロ縄などを通すときに役だちます。

巣箱をかける場所は、幹の下側です。つまり巣箱の出入口の巣穴が、少し下向きになるようにかけます。そのため、山で巣箱をかける場合、ほとんどの場合、幹の斜面の下側に巣穴がくるようになります。巣箱をかける人は、幹の斜面の上側で作業をおこなうことになります。

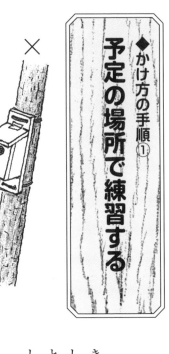

◆かけ方の手順②
穴にシュロ縄などを通す

幹の太さに合わせてシュロ縄を切る

木の根元に立ち、胸の高さで木の幹を一周させるようにシュロ縄を回し、幹の直径よりも50〜60㎝長めに、シュロ縄をはさみなどで切ります。少し長めに切ります。これと同じ長さのシュロ縄を、合計3本つくります。

幹の太さより長めに切る

巣箱固定穴に通す

シュロ縄を巣箱固定穴に通す

シュロ縄は、背板の上側の巣箱固定穴に2本通し、下側の巣箱固定穴には1本通します。

シュロ縄を、長さをそろえて2本同時に持ち、背板の上側の巣箱固定穴に通します。

このとき、はしごに上った自分が巣箱の縄を締めているところをシミュレーションしたときの、巣箱と自分の位置関係を思い出してください。幹にたいし、巣箱が幹の完全に反対側にある場合は、背板に通すひもの長さは巣箱を後ろから見て左右均等にしてください。

それにたいして、幹にたいし、巣箱が自分の右側（右側のすぐ近く）になるときは、シュロ縄の長さは右側を短く、巣箱が幹の左側（左側のすぐ近く）になる場合は左側を短くしてください。

そうすると、はしごの上でシュロ縄の長さを調整する必要がほとんどなくなります。

◆かけ方の手順③
仮止めし、本止めをする

上側のシュロ縄を結ぶ（仮止め）

巣箱がグラグラと動かない位置で、背板の上側の巣箱固定穴に通したシュロ縄を手前に引っぱり、巣箱を固定します。

このとき、どうしても巣箱が少し下方に落ちてしまいますが、あとで締め直すときに修正します（それまでの仮止めです）。また、どうしても一瞬は両手を使うようになりますので、はしごから落ちないようにしてください。

なお、かけた巣箱を**「横から見て、幹と縄（もしくは針金）ができるだけ直角になるように」**締めます。

棒などに針金で巣箱を固定する場合も、まったく同じ手順です。直径0・9㎜程度のステンレスの針金でしたら、ほぼひもと同じように扱えますので、最初は手でひものように締めてください。そして最後に針金をペンチでつかんで、引っぱりながらペンチを回転させて、少しずつ針金の遊びをなくして締めます。このとき、あまり強く締めすぎると、針金が切れてしまうことがあります。

最初に上側のシュロ縄を結ぶ

下側のシュロ縄を結ぶ

下側のシュロ縄を結ぶ

背板の下側の巣箱固定穴に通したシュロ縄を手前に引っぱり、巣箱を固定します。上側の巣箱固定穴

仮止めし、結び直してかける

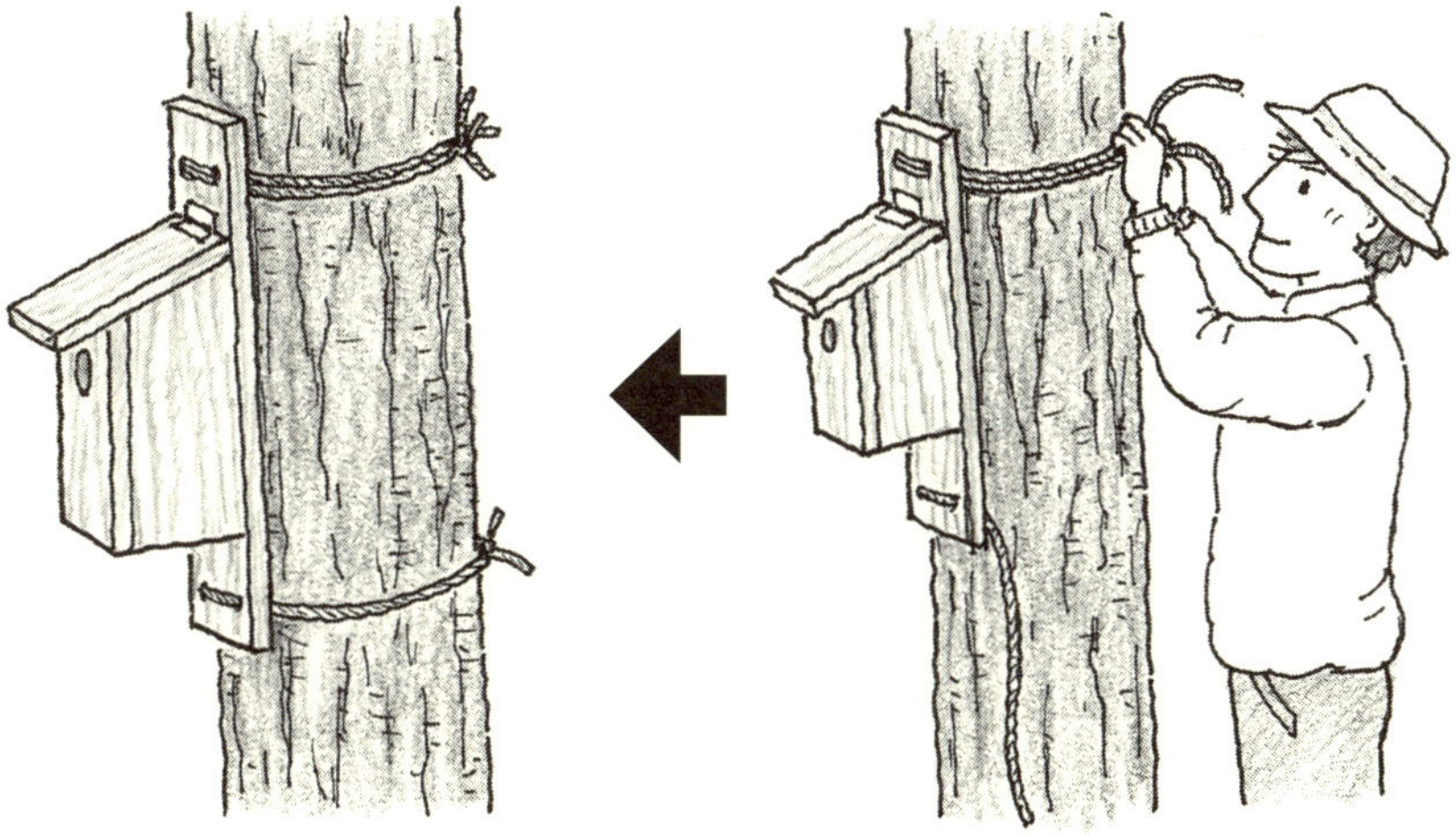

上側のシュロ縄をわずかにゆるめ、本止めとしてふたたび強く締め直す

上側のシュロ縄を仮止めとして結び、さらに下側のシュロ縄を平行するように結ぶ

に通したシュロ縄を締めるとき、どうしても少し下方にずれ落ちた巣箱を幹の少し上のほうに上げ、元の巣箱がよく固定できる位置まで上げてから、下側の巣箱固定穴に通したシュロ縄を結びます。

このとき、仮止めと同じく、横から見て、幹と縄ができるだけ直角になるように締めてください。

ふたたび上側を結び直す（本止め）

背板の下側の巣箱固定穴に通したシュロ縄を結んだあとで、再度上側の巣箱固定穴に通したシュロ縄をわずかにゆるめて、上側の巣箱固定穴に通したシュロ縄2本を強く結び直します。

仮止めや下側の結び方の場合と同じく、**「横から見て幹と縄ができるだけ直角になるように」**締めてください。

このように、巣箱を固定する縄や針金は〈①上側の巣箱固定穴の縄→②下側の巣箱固定穴の縄→③最後にもう一度上側の巣箱固定穴の縄を締め直す〉という流れで締めれば、うまく巣箱を固定することができます。

落ちたごみなどを回収する

落ちたごみなどを拾う

はしごや脚立の上で切ったシュロ縄の残りなどを回収して、現地にごみを残さないようにします。落下地点には草が茂っていることが多く、見つけにくいので落下地点をよく覚えておく必要があります。

巣箱をかけた後、草むらに落としたごみを拾って回収

これで巣箱かけは完了。あとはうまく鳥たちの目にとまり、繁殖に利用されるのを待つだけです。

巣材や餌を入れることの是非

巣箱をかけるとき、巣箱の中になにか入れなければならないかについてですが、シジュウカラやスズメなど小型の鳥たちのために小鳥用の巣箱をかける場合は、自分で産座部分の巣材を集めて巣をつくるので、巣箱の中になにも入れる必要はありません。

しかし、中〜大型の鳥用の巣箱の場合、自分で巣材を集めて巣をつくらず、巣箱の床にそのまま産卵しますので、平らなままだとうまく抱卵できません。そのため、かけるとき、中にピートモス（78頁詳述）を入れます。餌は絶対に入れてはいけません。

産座の巣材を運ぶシジュウカラ

第４章

万能巣箱などのつくり方とかけ方

みんなで万能巣箱をつくる（小学校）

一つで多くの種類の鳥が利用可能な万能巣箱

万能巣箱は主に中〜大型の鳥が対象

鳥たちは多少巣箱のサイズが自分に合っていなくても、柔軟に利用します。もちろんそこには、小鳥たちの繁殖の場合には、巣づくりの面でむだがあったり、大型の鳥では、やや狭かったりする場合があるのですが、それでも繁殖に利用するのです。

このように一つの大きさの巣箱で、可能なかぎり多くの種類の鳥たちが繁殖に利用することができるサイズの巣箱があるのです。それが万能巣箱です。

この万能巣箱では、これまでにもっとも小さな種類では、ヒガラという全長約11㎝のシジュウカラの仲間でスズメよりもかなり小さな鳥が繁殖し、もっとも大きな種類では、全長約45㎝の大型の鳥に属するカモの仲間のオシドリが繁殖しました。

5目10科16種の繁殖を確認

これまでにこの万能巣箱を利用しての繁殖が確認されている種類は、5目10科16種で、これら16種類の鳥が、この一つの大きさの巣箱で繁殖可能なのです。つまり、万能巣箱とは、多くの鳥たちが繁殖可能な、最大公約数のような大きさを満たす巣箱なのです。

どうせ巣箱をつくるのなら、いろいろな種類の鳥たちに利用してほしいとか、アオバズクとかブッポ

万能巣箱に棲みついたニホンモモンガ

万能巣箱で生まれたニホンモモンガの子どもたち（夜間に赤外線カメラで撮影）

巣穴から身を出すオオコノハズクの雛

これまでに万能巣箱で繁殖が確認された鳥の種類

	鳥の種類
カモ目	
カモ科	オシドリ
フクロウ目	
フクロウ科	オオコノハズク コノハズク アオバズク
ブッポウソウ目	
カワセミ科	アカショウビン
ブッポウソウ科	ブッポウソウ
キツツキ目	
キツツキ科	アオゲラ（注）
スズメ目	
シジュウカラ科	ヤマガラ ヒガラ シジュウカラ
スズメ科	スズメ
ムクドリ科	ムクドリ コムクドリ
ヒタキ科	キビタキ
セキレイ科	ハクセキレイ セグロセキレイ

注：冬季にねぐらとして利用

ウソウ、オシドリなどいろいろな種類の鳥たちの繁殖を観察してみたいという方は、ぜひつくってかけてみてください。ニホンモモンガなど哺乳類の繁殖もあります。

巣箱が必要なのは中～大型の鳥

この本では、これまで小鳥用の巣箱づくり、巣箱かけについて詳しく述べてきましたが、じつは、現在本当に巣箱を必要としているのは、小鳥たちよりも中～大型の鳥たちなのです。

その理由は、ごく小さな空間でも繁殖可能な小鳥たちと比べて、中型以上の鳥たちは繁殖に必要な空間も大きいため、大きな木が少なくなった現代では、そもそも彼らの体が入る樹洞でさえきわめて少なく、繁殖可能な樹洞は、さらに少なくなっているのです。

より多くの種類の鳥が繁殖でき、生物多様性を高めることが可能な万能巣箱を、ぜひつくってかけてみてください。

万能巣箱をつくるのに必要な材料・道具

巣箱本体の主材料となる板

本体に用いる板は、小鳥用巣箱と同様にスギ、またはヒノキの一枚板です。

スギ板は長さ2000㎜×幅210㎜×厚み15～18㎜のもの（1枚約2000円。2019年現在）。この長さの板3枚で万能巣箱を2個つくれます。万能巣箱1個当たり長さ2230㎜の板が必要です。

万能巣箱は幅180㎜の板でもつくれますが、個体によっては産卵数が多いこともあり、基本的には210㎜幅の板でつくることをすすめています。

スギ板は、ホームセンターでは板壁用の180㎜までの幅のものしか販売していないことが多いので、そこで取り寄せてもらったり、通信販売などで入手したりしてください。

ほかに必要な主な材料・道具

本体の板のほかに必要な主な材料を紹介します。

釘の種類　ステンレス製スクリュー釘

釘の長さ　使用する板の厚みの2倍以上

蝶番　ステンレス製の100㎜以上の長さのものを使用

開閉部のネジ　ステンレス製のネジ

巣箱内の敷物　園芸用土の一つであるピートモスを入れる（厚さ3㎝以上）。78頁で詳述

主な道具として穴あけ用の電動自在錐、もしくは電動ジグソーが必要です。

電動自在錐　板材に丸い穴をあけるための工具。自在錐はドリルにつけ、穴の直径を自由に変えられるのが最大の特徴。震動が大きく、安全性の面で操作に慣れる必要があります。

電動ジグソー　ミシンのように刃を上下させて木材を切断する工具。直線切りだけでなく、曲線切り、切り抜き加工ができます。切断する板の厚さは、刃の長さによって変わってきます。自在錐ほど

万能巣箱づくりに使う主な材料・道具の例

板	焼きスギ板（加工板） またはスギ板	長さ1825㎜×幅210㎜×厚み14㎜ 長さ2000㎜×幅210㎜×厚み15～18㎜ 1枚　約2000円 これらの長さの板3枚で、万能巣箱が2個作製できる （万能巣箱1個あたり、長さ2230㎜の板が必要）
釘	ステンレス製スクリュー釘　平頭 長さ32㎜×太さ2.1㎜　28～32本	
蝶番	ステンレス製（ネジ付き）　長さ100㎜　1個　約250円	
ネジ（屋根止め用）	ステンレス製　皿頭タッピング　長さ38㎜×太さ5㎜　1本	
電動ドリル工具	9㎜（巣箱固定穴用：シュロ縄用の穴） 3.5㎜（巣箱固定穴：ステンレス製の針金用の穴・屋根ネジ止め穴用）	
シュロ縄	4㎜×37m　一巻き　約300円	
ステンレス製針金	0.9㎜×100m　垂直耐荷重　14kg　一巻き　約1000円	

注：①ブランド品のスギでも、他のスギ板とそれほど値段に差はない。巣箱は、通常それほど多くの数をつくることはないと思われるので、よい材料を使って頑丈な巣箱をつくる。②万能巣箱は鳥や巣材の重さがあるため、底板に打つ釘を１辺当たり３～４本とする。③価格は税別。2019年2月現在

電動ジグソー

使いやすい電動ジグソー

電動自在錐

ドリルにつけた自在錐

の精度はありませんが安全性が高く、初心者にも使いやすいのが特徴。

なお、小鳥用巣箱をつくる場合と同様にのこぎり、金槌、電動ドリル、プラスドライバー、物差しなどの道具も用意します。

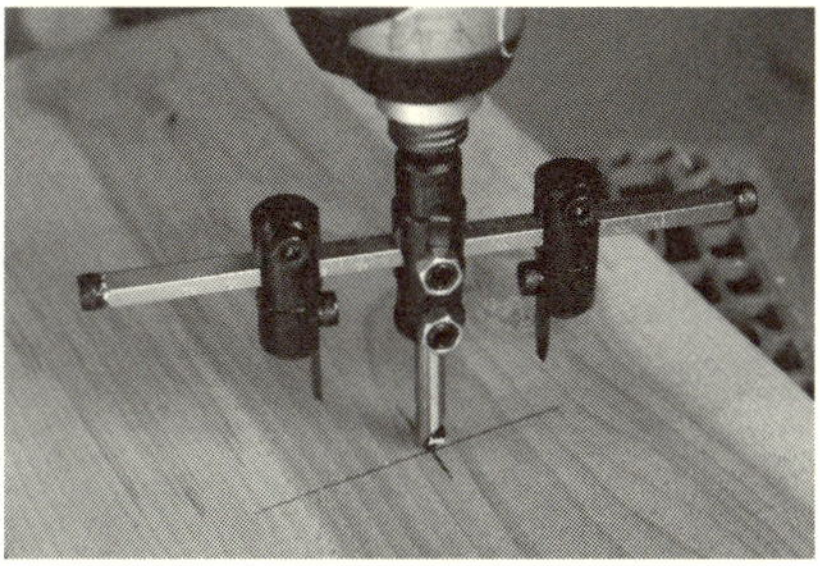

巣穴の中心に先端をあて、ドリルを回転させる

万能巣箱の設計図とつくり方の基本

部材の名称と設計図

ここでも片屋根型を採用します。部材の名称は設計図のとおりです。

前板、横板、底板、背板、屋根板

巣穴、水抜き穴、巣箱固定穴

各部位の名称、役割は、小鳥用巣箱と同じです。底板は組み立てのさい、底にはまるように大きさを調整します。底板の四隅は、水抜き用の穴として切り落とします。

つくり方の基本

万能巣箱のつくり方も、基本的には小鳥用の小型の巣箱と同じです。

ただし大型の巣箱のため、やはり小型の巣箱とは異なる点があります。

一つめは、小型の巣箱より板の厚みがあり大型のため、重量があり、巣箱づくりも巣箱かけも、小型の巣箱よりかなり困難であるということです。

二つめは、これも板の厚みによることですが、巣箱の重要な部分である巣穴をきれいにあけるのが、なかなか困難であるということです。とくに巣穴の直径が80㎜と大きく、小型の巣箱のようにドリルで比較的簡単にあけることができません。

自在錐、またはジグソーによる穴あけ

電動自在錐　ドリルを使用するとしても、自在錐というあける穴の大きさを自由に変えることができるドリルの先を利用すると、きれいに穴をあけることが可能です。穴が大きいことと板が厚いことで、うまく扱えないとやや危険です。少なくとも小学生には無理と思われます。ホームセンターなどに依頼できますが、工賃が必要な場合もあるでしょう。

電動ジグソー　家庭用の刃の幅が細いジグソーで穴をあけます。ただ、円形の穴をきれいにあけるに

万能巣箱の設計図

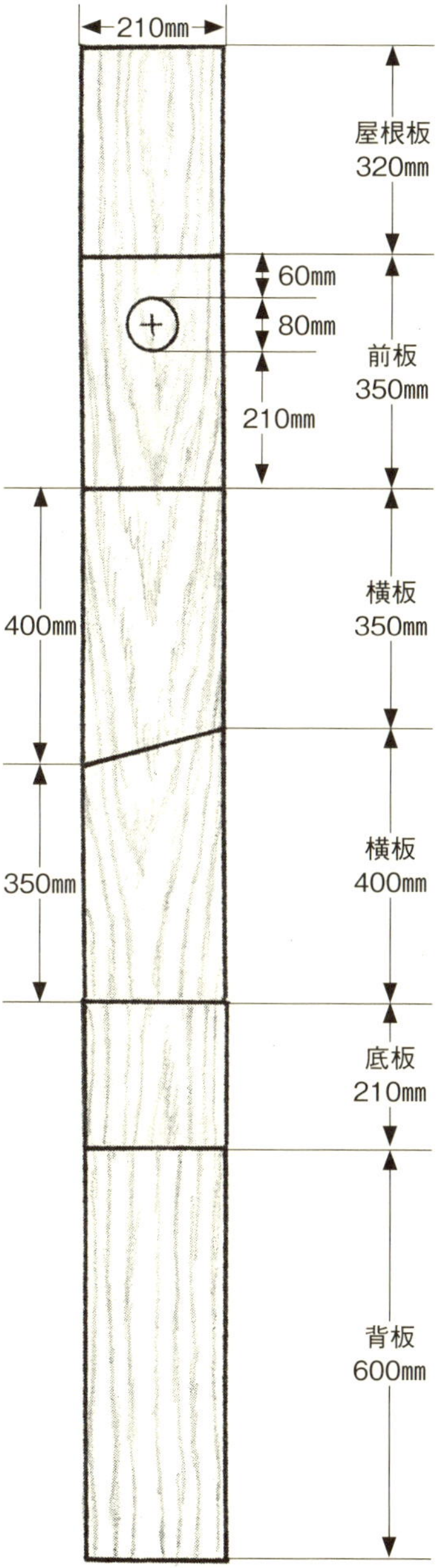

万能巣箱と小鳥用巣箱の大きさの比較

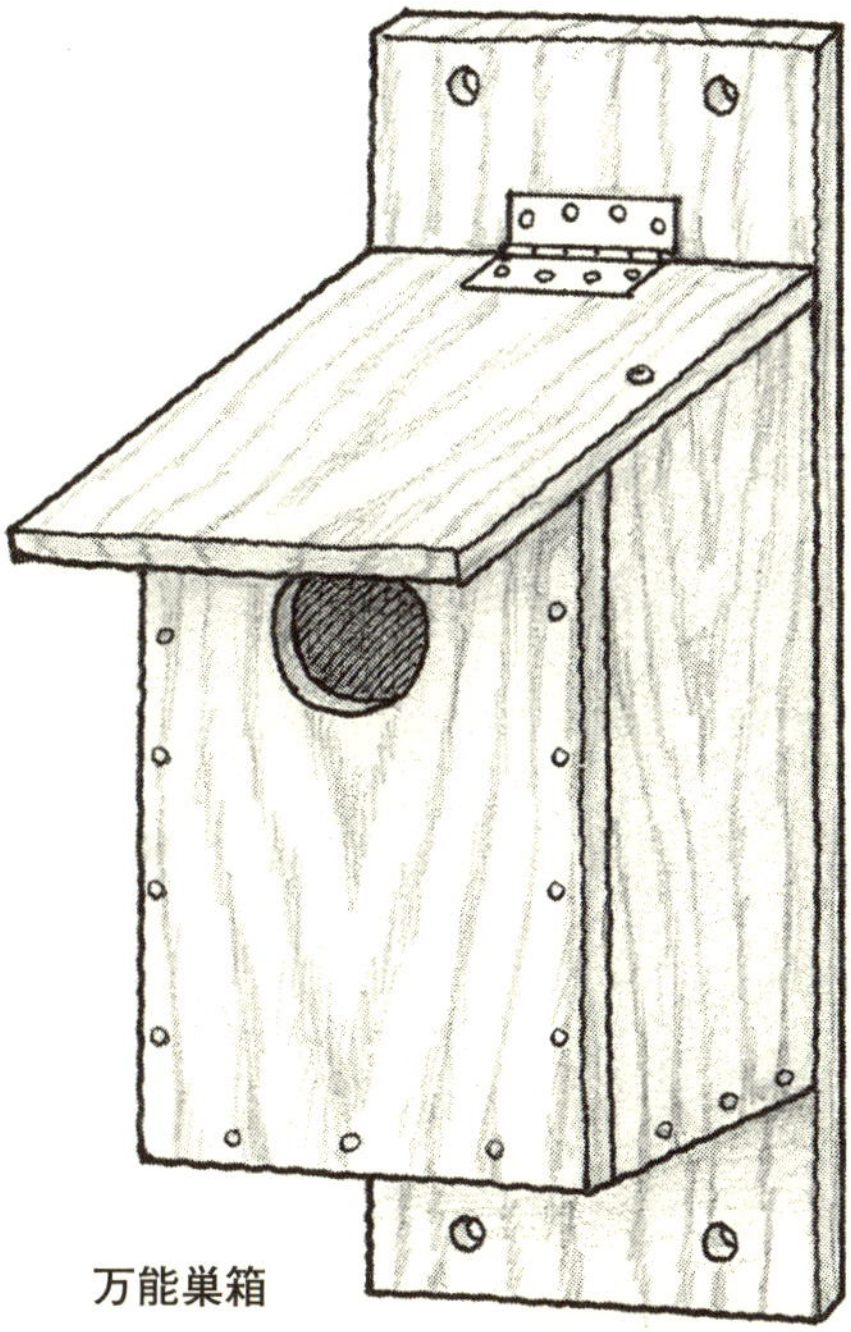

万能巣箱

小鳥用巣箱

は、慣れないとやや困難です。

ジグソーで穴をあける場合、事前にコンパスを使って設計図の位置にきちんと直径80㎜の円を書き、その線に沿ってドリルで1㎝ほどの穴をあけます。その穴からジグソーの刃を出し、線に従って切りすすめます。

メーカーから各種製品が出ており、機種によって使い勝手などの特徴があるので、使用時の注意事項などに留意します。これもホームセンターなどで依頼できますが、工賃が必要な場合もあるでしょう。

電動ジグソーを使用

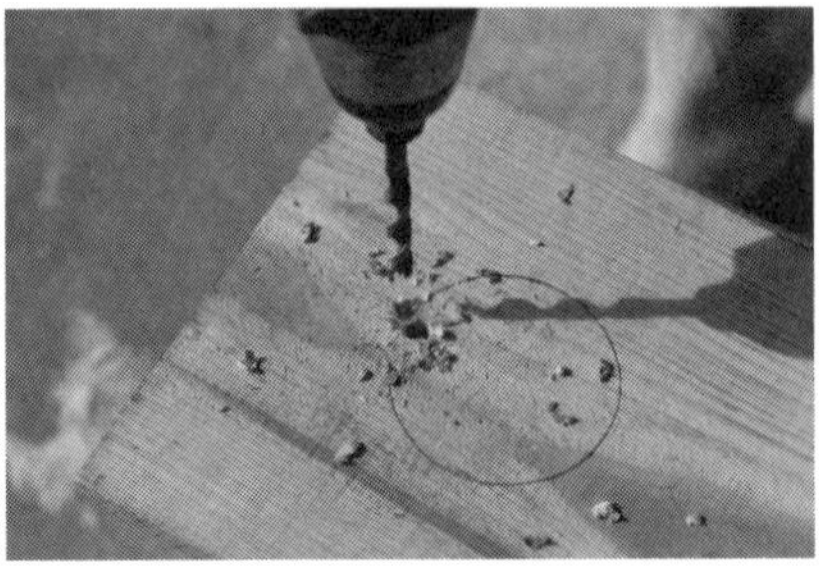

まず、線に沿ってドリルで穴をあける

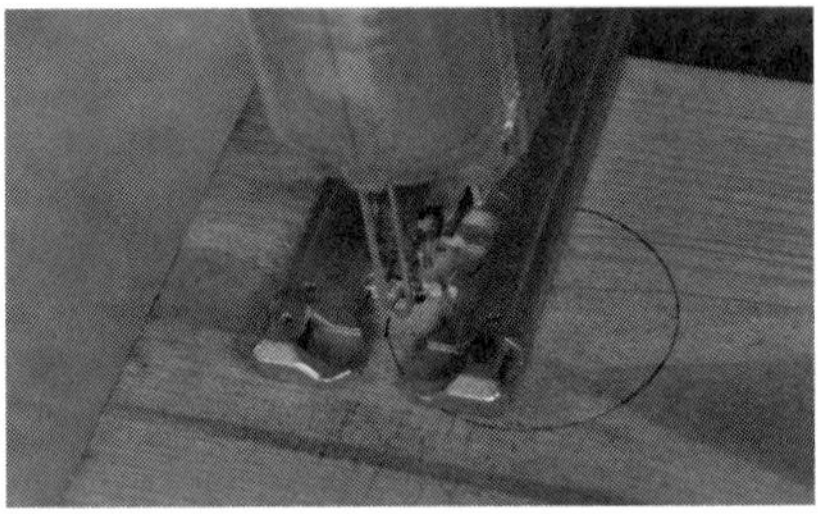

穴からジグソーの刃を出し、線に沿って切りすすめる

敷物素材としてのピートモスを生かす

樹洞内の底を再現するために

万能巣箱をかけるときに小鳥用巣箱のかけ方ともっとも異なる点は、巣箱内に、敷物としてピートモスを入れる点です。

樹洞の内部は平らではなく、中央部付近がくぼんでいるため、卵は自然に一か所に集まり、親鳥はしっかりと抱卵できるのです。

抱卵をスムーズにおこなうために、樹洞内の底を再現するものとして、巣箱内にピートモスを敷物として入れるのです。

ピートモスは格好の敷物素材

ピートモスは湿地のミズゴケ類が堆積し、分解されてできた園芸用土の一つで、軽くて水はけがよく硬くなりにくい特長があります。

ブッポウソウの例では、巣箱内になにも入れないと、卵が親鳥のお腹の下から外に転がり出たりしてうまく抱卵できないため、孵化率が30％ほども低下することが確認されました。

万能巣箱の中に入れるピートモスの量ですが、3～5㎝程度の厚みになるように、巣箱の底に平らにならして敷きます。あまり早く入れずに、巣箱かけの直前にピートモスを入れて敷くのが好ましいでしょう。

ピートモスはミズゴケ類でできた有機物

万能巣箱の底に敷いたピートモス

万能巣箱をかけるのに適した場所と木

万能巣箱をかける環境

いくらいろいろな種類の鳥たちが利用できる、最大公約数のような大きさの万能巣箱といえども、やはり利用してもらいたい種類の鳥たちが、繁殖に好む環境の場所にかけないと、利用される確率はぐっと低くなります。

万能巣箱の場合、それでも多くの種類の鳥たちが巣箱を利用するのですが、やはり開けた環境の場所にかけた巣箱を好む種類と、森林内にかけた巣箱を好む種類とでは差があります。そのため、それらを考慮したうえで巣箱をかける必要があります。

近くに森林があることが必要

最低でも共通しているのは、いずれもかならず近

万能巣箱をかける環境と利用する鳥の種類

開けた場所（公園、緑地、山ぎわや山近くの水田地帯、畑、果樹園など）
スズメ、シジュウカラ、ヤマガラ、ムクドリ、ブッポウソウ、アオバズク、オシドリ、オオコノハズク

学校内や社叢林など
シジュウカラ、ヤマガラ、ムクドリ、キビタキ、アオバズク、オオコノハズク、ブッポウソウ、オシドリ

渓流沿い
シジュウカラ、ヤマガラ、オシドリ、オオコノハズク、アカショウビン、キビタキ

森林の中（水辺ではない場所）
シジュウカラ、ヤマガラ、ヒガラ、キビタキ、アオバズク、コノハズク、オオコノハズク

里山は人間の働きかけによって機能を維持

林縁部のある里山は巣箱かけに適している

く（１００ｍ以内）に森林があることが必要です。近くに都市公園や河川敷の林などがある場合でもよいでしょう。森林内に巣箱をかける必要がある種類では、当然これにはあてはまりません。

近年、多くの生物の生息場所として里山の価値が再認識され、英語圏でＳＡＴＯＹＡＭＡが英字で知られるところとなっています。里山は人間の働きかけによって、その環境と機能を維持してきたわけですが、もちろん鳥たちにとっても大きく恩恵を受ける場所なのです。

万能巣箱のかけ方のポイント

かける高さと場所

万能巣箱も、そのかけ方は基本的には小鳥用の巣箱と同じです。樹木にはシュロ縄などで、柱の場合にはステンレス製の針金などでかけてください。巣箱固定穴に通すシュロ縄は、上の穴が2本で、下の穴が1本である点も同じです。巣箱の前など、巣箱の周囲が開けていることが必要な点も同じです。

小鳥用の巣箱のかけ方と異なる点は、巣箱をかける高さです。中～大型の鳥たちのためにかける巣箱は、最低でも地上から5ｍ程度の高さが必要です。

とはいえ、高いところに巣箱をかけるのはより危険なので、通常は5ｍ程度でじゅうぶんです。学校や神社にある木の、巣箱をかけるのに適した枝のない部分がこれよりも高い場合は、可能でしたらもち

できあがった万能巣箱。いずれも表面に焼き焦がしの処理をしてある

万能巣箱で繁殖するブッポウソウ

万能巣箱の理想的なかけ方。オオコノハズクが繁殖に利用

ろんその場所にかけてもかまいません。

中〜大型の鳥は警戒心が強いので、フクロウなどは例外として3m以下にかけた場合はまず利用しません。小鳥たちも、小鳥たちにとっては万能巣箱の入り口の大きさは大きすぎるため、巣箱をかける高さが低かったり、枝が近くにあるなど不安を感じるような場所にかけられた万能巣箱では、まず繁殖しません。

許可を得て大人の手でかける

いずれにしても、かならず巣箱をかける木などの所有者の許可を得てからかけてください。

万能巣箱は、当然小鳥用の巣箱より重量があり、巣箱のサイズも大きいため、はしごやスライド式はしご上では非常に扱いにくくなります。そのため、万能巣箱の場合、巣箱をつくるのは子どもたちが中心でも可能ですが、巣箱をかけるのは、大人がおこなうほうがよいでしょう。

もっとも大きなフクロウ用大型巣箱

地域差がある利用率

フクロウ類は、巣箱を利用して繁殖する鳥類のなかでは、もっとも大型なものです。当然ですが、フクロウ用巣箱は万能巣箱よりもさらに大きいため、作製も巣箱かけも非常に困難です。そしていくつか注意点があります。

まず、巣箱がフクロウという鳥の利用にほぼ限定されるため、かけてもなかなか利用されない場合があるということです。中～大型の種類の鳥は、理由は解明されていませんが巣箱の利用率に地域差があり、それはフクロウでも見られます。

そのため、このフクロウ用の巣箱をかければ、かなり高い利用率で繁殖に利用される地域があれば、逆になかなか利用されない地域もあります。なかなか利用されない地域では、利用率は高くても30％ぐらいです。

大型巣箱を利用するフクロウ

また、見た目はかわいいですが、フクロウはやはり猛禽類です。わたしは経験がありませんが、育雛期に巣箱に近づくと、ときに襲ってくることがあります。フクロウなので羽音がせず、攻撃がわからずとても恐ろしいようです。そのため、育雛期には巣箱に近づかないようにするほうが無難です。フクロウ用の巣箱をつくってかける場合は、これらのことをよく理解してかけてください。

もし巣箱が利用されれば、夜間巣箱の近くではよく鳴き声を聞くことができ、日中には、少し離れたところから、巣箱の近くで巣を見張りながら休むフクロウの姿を見ることができるでしょう。

果樹園などで有用なフクロウ用大型巣箱

フクロウはネズミ類を主食とするため、果樹園の中や畑の周辺などに巣箱をかければ、せっせとネズミを駆除してくれます。

青森県弘前市のリンゴ園では、ハタネズミがリンゴ樹を食害するため、フクロウ用大型巣箱を設置。営巣と孵化《ふか》を確認後、フクロウの高い捕食能力によってハタネズミが大幅に減ったことがわかっています（詳細は102頁～）。

その意味でも、フクロウ用巣箱をつくって、かけることは農業ではとくに意義深いものがあります。

フクロウ用大型巣箱の設計図とつくり方

部材の名称と設計図

フクロウ用巣箱の設計図は次頁のとおりです。万能巣箱などと同様に、板はもちろんスギ、またはヒノキの一枚板を使用して、ステンレス製の釘などを使用して作製します。

つくり方のポイント

板は、ふつうホームセンターなどで販売されている板では、幅が最大の大きさの板であることが多い180㎜の幅の板を使用します。この板を貼り合わせて、360㎜の幅の板を作製します。先に枠を作製して、それに板を張りつける方法でもかまいません。

重要なポイントは、貼り合わせた板のすき間か

フクロウとフクロウ用大型巣箱の設計図

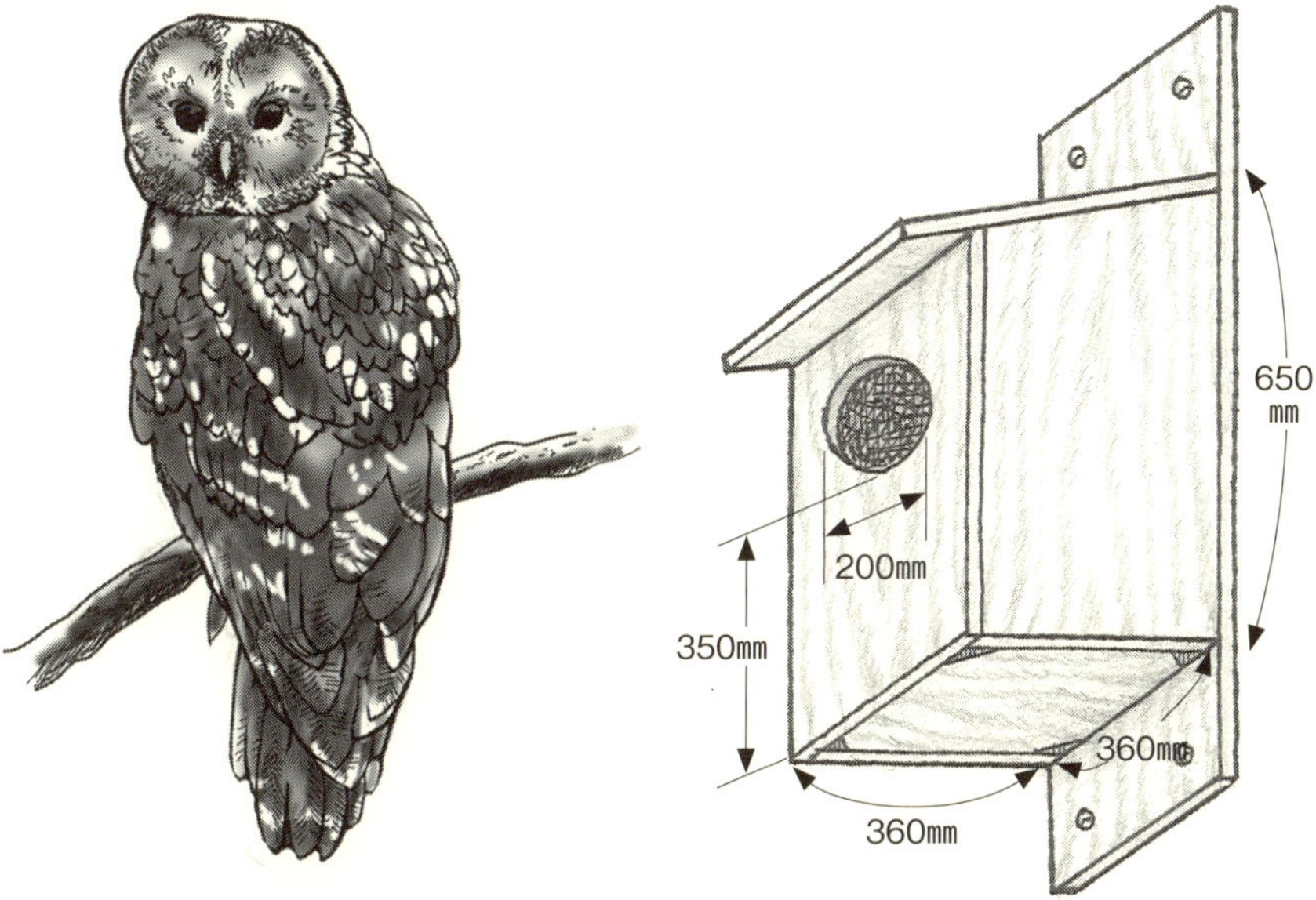

ら、中に絶対に光がもれてはいけないということです。あとで外から板を張りつけてもいいので、中から見て、入り口以外の場所から絶対に中に光が入らないようにしてください。

また、巣箱には、必要に応じて、管理のための開閉部分を設けてもよいですが、その場合も、その部分のすき間から中に光がもれないようにします。

底の四隅の水抜き穴は万能巣箱と同様に一片1・5cm程度の大きさでかまいませんが、巣箱をかけるときに中に入れるピートモスは、厚み30cm以上とたっぷり入れます。

安全な繁殖のために

野外で実際にフクロウが繁殖している樹洞を見てみると意外に狭く、親鳥の体がやっと入る程度の巣穴も多くあります。

また、木の股の部分が腐ってできた穴で、出入口が上に開いているものもあります。上部にあいていて狭いため、カラス類に襲われた場合の防衛力が弱く、そのことに加えて雨や雪が容易に巣の中に入ります。実際に、おそらくカラスに襲われたため、雛が途中で消失した事例があります。

巣箱の本来の目的である、安全に繁殖をおこなわせるということから、フクロウには、85頁のタイプの巣箱を好ましい一例としてあげておきます。

プラスチック製プランターを2個つなげた巣箱で繁殖するフクロウ

フクロウ用大型巣箱のかけ方のポイント

かける場所とかけ方

フクロウ用巣箱は非常に大型で重量もあるため、木の高いところにかけることはなかなかできません。しかし、フクロウは、ときに地面でも産卵する

万能巣箱のオオコノハズク

ネズミ類などを捕食するフクロウ

巣立ちが近いフクロウの雛

ことがある種類なので、無理をして木の高いところに巣箱をかける必要はありません。

人の背丈程度、地上1～1・5m程度の高さにかけてもじゅうぶんです。もちろん、可能ならばもっと木の高いところにかけるとよりよく利用します。また、巣箱が大きく重量があるため、フクロウ用の巣箱は、ほかの種類の巣箱と異なり、木の叉や横枝の上に置いてかけてもかまいません。

ポイントは、ぐらぐらと動かないように、しっかりと固定することです。場合によっては、長めのステンレス製のネジを使用して、巣箱を直接木に固定する必要があります。

前面が開けている場所に

フクロウ用の巣箱も、他の鳥の種類の巣箱と同様に、巣箱をかける場所の周囲は開けている必要があります。とくに巣穴の前面は、開けていることが必要です。フクロウは、羽を広げると1mほどにもなります。両翼を最大に広げて羽が当たらない、じゅうぶんな広さが必要です。

◆コラム

●都市部の巣箱は良好な繁殖場所

column

アパートの柱にかけた巣箱

庭先に木柱を立てて巣箱を架設

巣箱をかけることができるのは、なにも野山の樹木に限りません。利用する種類は限定されますが、建物や比較的低めの庭木に巣箱をかけても、鳥たちは利用します。とくにシジュウカラは、大都会のなかを含めてどこにでも生息していますし、比較的警戒心が少ないので、どんな場所に巣箱をかけてもわりあいよく利用します。

写真・上は、アパートの柱にかけた巣箱ですが、シジュウカラは毎年のように繁殖に利用しています。このように、安全に巣箱がかけられそうな場所だと思ってかけてみると、意外にどんな場所でも巣箱と鳥たちを楽しむことができます。

写真・下は、庭に木柱を立てて巣箱をかけた例です。庭に大きめの木があるとはいえ、かならずしも巣箱かけの条件に適していなかったので、3mほどの高さの木柱を設置して巣箱をかけました。

木柱の根元は生け垣になっている木に固定しましたが、根元を掘ったりフェンスに取り付けたりして固定させることもできます。高さがあるので倒れることのないように、しっかりと固定させる必要があります。

巣箱はアパート、マンション、庭先はもとより、学校や病院、公民館などにかけてもよいでしょう。

じつは山間部よりも都会のほうが、シジュウカラたちも良好な繁殖場所に困っているため、よく利用する傾向があります。

第５章

巣箱の観察と維持・管理、活用

巣穴から顔を出し、辺りをうかがうシジュウカラ

鳥が巣箱で繁殖しているときの注意点

なによりも静かに見守る

●鳥たちが巣箱に出入りを始めたら、極力静かに見守るようにします。あたりまえのことですが、意外に守られないのがこのことです。そのため繁殖放棄につながることがあります。

●とくに雛が孵化するまでは静かに見守るようにします。雛が孵化するまでの抱卵期は、いつ繁殖が放棄されてもおかしくありません。親鳥を警戒させる可能性のある写真の撮影などは、雛の孵化まで待ちましょう。雛が孵化したことは、親鳥が巣箱内に頻繁に餌を運び込むようになるためわかります。

繁殖期に巣箱を開けない

●開閉可能な巣箱の場合でも、繁殖期には絶対に巣箱を開けて中をのぞかないこと。残念ながら、繁殖期に巣箱を開けてしまったことが原因で、繁殖を放棄してしまうことがあります。

また、法律的な問題で、意外に思われるかもしれませんが、自分の家の庭に、自分がつくってかけた巣箱にも鳥獣保護法があてはまるのです。つまり「繁殖中の鳥が繁殖を放棄するようなことを行ってはならない」ということが法律にあり、法律的にも、鳥たちが繁殖放棄につながるような行為である、繁殖中の巣箱の開閉部を開けて中をのぞくような行為は、禁じられているのです。

ダニ類が潜んでいることも

もう一つは、繁殖期の巣箱の中には、ときとして鳥たちにつくダニ類などが潜んでいることがあるからです。仮に顔などに飛びつかれても、体の小さい鳥類に寄生しているダニ類はごく小型で、人間に害を及ぼすことはまずありません。とはいえ、取り付かれないほうがいいでしょう。

巣立ち後の巣箱の掃除をめぐって

「掃除は不要」が基本

巣箱の維持・管理に関しては従来、繁殖に利用された巣箱は、繁殖期でない冬に、開閉部を開けて中の巣材を取り除くなど掃除をして、中を熱湯で消毒してからふたたびかけ直すという維持・管理が必要である、ということがいわれていました。

たしかにそこまでするとよい場合もあるかもしれませんが、わたしは基本的には巣箱の掃除は不要であると考えています。

雛の糞を外に捨てるシジュウカラ

森林の中にはキツツキ類が自分の繁殖のためにあけた巣穴や樹木に自然にできた穴など、鳥たちが繁殖に利用できる穴がいくつもあります。

自然界で自然のままに繁殖

ふつう鳥たちは、自然界で自然のままに繁殖しているわけで、そこにはもちろん人間の関与はありませんし、当然それらの巣穴は、人間はだれも掃除をしていません。つまり、自然界では繁殖後の巣穴の中は人間はだれも掃除していないのです。

もっとも、シジュウカラをはじめブッポウソウ、アオバズクなど、繁殖直前、もしくは繁殖中に少し自分で掃除する個体もいます。しかし、基本的にはそのまま何年も同じ巣穴で連続して繁殖していきます。

そのため、わたしのかけた巣箱は、必要最低限の維持・管理だけで基本的にはなにもしていません。しかし、それでも鳥たちは、そこで毎年繁殖し続けています。

これらの理由からわたしは、基本的には、巣箱に毎年の掃除は必要ないと思っています。

巣箱の内と外などの点検と補修

掃除をする場合の時期

毎年掃除したいという方と維持・管理のために数年に一度くらい掃除が必要な場合などのために、巣箱の掃除について述べます。

掃除をおこなう時期、つまり巣箱の開閉部を開ける時期ですが、もちろん繁殖をおこなっていない時期になります。その時期は、秋から冬にかけてです。もっとも理想的な時期は、秋になり、木々の葉が落ちる前の10月頃です。

もちろん、掃除にこだわるのであれば繁殖期直前まで、春先の2月頃までは掃除をおこなうことができます。しかし、厳寒期には巣箱がねぐらとして利用されていることがありますので、やはり秋が最良の時期です。

点検と補修のポイント

掃除はおこなわなくても、巣箱の維持のためには点検と補修が必要です。

とくに、巣箱でもっとも傷みやすい部分であるひさしの部分は、もし傷んできているようでしたら、雨よけと天敵への防御のために防腐・防水塗料を塗るとよいでしょう。

最初に塗った場合も、再度塗り直します。他に、打ち込んだ釘が、数㎜程度飛び出ていることがあります。すぐに巣箱が分解することはありませんが、再度しっかりと打ち直しておきましょう。

巣箱を取り付けたシュロ縄や針金などの状態は、外から目視で確認できますので、可能なかぎり頻繁に点検して、異常があればすぐに交換するようにします。

飛び出した釘は打ち直す

巣箱の耐久性と交換時期の目安

耐久性は15年が一つの目安

この本でつくり方とかけ方を紹介した巣箱ですが、基本的には日常のメンテナンスは必要のない耐久性のある巣箱です。

しかし、それでもかけて5年以上経過すると、中の掃除などが必要となります。そして、この高耐久巣箱は少なくとも15年以上は使用可能と前述しました。

それではその高耐久巣箱は、いったいいかけてから何年たつと交換したらよいのでしょうか。

結論からいいますと、やはり万が一の鳥たちへの安全性などを考えると、10~15年が一つの目安で、それよりも持ちそうなものは、最長でも20年程度で交換するのがよいように思います。

交換適期は秋から冬

古くなった巣箱の交換をおこなう季節は、もちろん鳥たちがその巣箱を繁殖に利用していない時期です。当然のことながら、鳥たちがその巣箱で繁殖しているときは交換できません。

このあたりは巣箱の掃除と同じ考えでよいと思います。つまり巣箱の交換をおこなう最適の季節は、秋から冬にかけてです。

冬に巣箱を交換する場合、古い巣箱に越冬などに集まってきている昆虫類などがいた場合は、すべて交換する新しい巣箱に移してあげてください。

こうした作業を避けたい場合は、木々にまだ葉がある時期である初秋の、昆虫類の越冬が始まるより前の時期に、巣箱を交換するようにするとよいでしょう。

また、この時期であれば、仮に越冬に集まってきた昆虫類がいても、地面に落としておけば、ふたたび自分で交換した新しい巣箱の中に移動します。これは巣箱の掃除のときも同様です。

巣箱をかけることの功罪を検討する

巣箱かけのよい点とよくない点

まず、巣箱かけのよい点を紹介します。

①繁殖場所を探している鳥たちに、良好な繁殖場所を提供する

②良好な繁殖場所を与えることにより、鳥たちの繁殖成功率を上昇させる

③もともと繁殖場所のなかった場所に繁殖場所をつくることで、鳥たちの繁殖地域を拡大することができる

つぎに、巣箱かけのよくないと思われる点を述べます。

①樹洞繁殖性の、ある特定の種類の鳥だけに繁殖場所が提供されるため、その、ある特定の種類の鳥の個体数だけが増えることにつながる

②繁殖場所が集中することがあり、繁殖に悪影響を与える可能性がある

③繁殖場所が目だつことにより、人間や天敵の被害にあいやすい

④かけたあとの管理がされていない巣箱が多く、鳥の繁殖が逆に被害にあう可能性がある

よくない点の解決策

これらのよくないと思われる点の解決方法としては、間隔をあけて巣箱をかけることだけで、②が解決し、さらに森林内に広くかけた場合には、①も極端な状態を避けることができます。

①に関しては、かける巣箱を万能巣箱にすることで、ほぼ解決できます。そして、高耐久巣箱とすることで、③と④の被害を減らすことができます。

これらのことから、かける巣箱を、この本で紹介したつくり方で高耐久巣箱としてつくり、正しいかけ方でかけ、またかける巣箱を小鳥用巣箱から万能巣箱に変えることで、巣箱の功罪のうちの罪の部分を大幅に減少させることができると思われます。

万能巣箱かけによるブッポウソウの保護例

巣箱かけによる保護の成功例

巣箱による保護の成功例として、ブッポウソウの例をあげます。これは、手前味噌になりますが、わたしがおこなっている保護活動です。

ブッポウソウはカワセミに近い仲間の美しい鳥で、ハトくらいの大きさの、やや大型の鳥です。日本にはもともと数が少ない鳥で、そのため渡来地が国内で4か所、国の天然記念物に指定されているほどです。

わたしの住む中国地方は、以前は他地域と比べ、ブッポウソウが多く生息する地域でした。ブッポウソウは、キツツキ類が木製の電柱などにあけた穴で繁殖していましたが、1980年代に入り、木製の電柱などがコンクリート製や鋼管製の柱に交換されはじめると、急激に減少していきました。

ブッポウソウ＝ブッポウソウ目ブッポウソウ科。全長約30㎝。ハトくらいの大きさの中型の鳥。頭部は黒く、体全体は青緑色。翼には大きな薄水色斑があり、くちばしと足は赤みがかっている。餌は主にセミなどの大型昆虫類

ブッポウソウが繁殖していた木製電柱の一部で、万能巣箱設計の元の一つとなった

そして1980年代の半ば頃には、広島県内でブッポウソウのつがい数は、わずか8つがいにまで減ってしまいました。しかし、ブッポウソウは激減しましたが、生息地の環境は以前と比べほとんど変わっておらず、繁殖していた木製の電柱などがなくなっただけでした。

万能巣箱で繁殖巣穴を再現

そのため、ブッポウソウの減少要因は、ほぼ繁殖できる巣穴がなくなったことに限定されると思われましたので、ブッポウソウが繁殖していた木製の柱を譲り受け、巣の大きさなど内部構造を調査し、4巣の平均値を割り出し、その繁殖巣穴を再現するかたちで巣箱を設計しました。それが万能巣箱です。

柱の所有企業から巣箱かけの許可

雛が多いときのことを考慮し雛の死亡率を下げるため、若干底を広くしましたが、重要な巣穴の直径と巣穴から底までの高さ（ピートモスを入れたときの高さ）は、ほぼ巣穴の平均値に合わせました。

そしてその巣箱を、ブッポウソウの繁殖巣穴がある木製の電話柱などが交換されたあとに立て換えられたコンクリート製や鋼管製の柱に、電話柱などの所有企業に巣箱かけの許可をいただいたうえでかけていきました。

これまで日本で前例のないことでしたので、柱の所有企業に許可をいただくために、説明と話し合いを何度もおこない、数年間かかりました。そして1988年から人工構造物への巣箱かけによるブッポウソウの保護が始まったのです。

メンテナンスフリーの巣箱に

それからわたしは、毎年数十個の巣箱をつくっては、企業とともに巣箱かけを続けてきました。企業の所有する柱に巣箱をかけるので、巣箱をかけた柱には、原則として上らないことも許可の条件のうちにあったため、巣箱は一度かけると、まず少なくとも数年間は開けることができません。

少しでも企業の手をわずらわせないためと、数多くの巣箱をかけるため、基本的にメンテナンスフリーの巣箱にする必要があったのです。

それまでに持っていた巣箱づくりのノウハウをすべて出し、試行錯誤の末に完成したのが高耐久巣箱でした。つまり、基本的にメンテナンスが不要な巣箱の開発は、こうした企業の考えと、管理上の手間を減らすことが当初の目的だったのです。

巣箱から飛び出すブッポウソウ

市民と企業の協働の保護活動

こうして、巣箱は市民であるわたしが作製して提供し、企業は巣箱をかける場所の提供と、場合によっては巣箱かけを手伝うという、両者の協力関係のうえで成り立つ保護が開始されました。そこで、市民（わたし）と企業（電力・電話会社など）の協働による珍しい保護活動である、ブッポウソウの保護活動のことを報告できるようになりました。

いずれにしろ、貴重な鳥なので当初は生息地を秘密にしておく必要があったのですが、そうしたことが効を奏し、人工構造物への巣箱かけによるブッポウソウの保護は、大成功を収めています。

２０１８年現在、広島県のブッポウソウは、１９８８年頃の８つがいから約５００つがいにまで増加し、今や国内生息数の50％程度が生息していると推定されるまでに、個体数が増加しています。

巣箱かけによるシマフクロウの保護例

報告1＝竹中 健

大きな体が入り込める樹洞の減少

シマフクロウは極東に分布する世界最大のフクロウ類で、日本では現在、北海道東部にわずか百数10羽が生息するにすぎない魚を食べるフクロウです。

シマフクロウは全長約70㎝、翼開長約180㎝の巨大な鳥ですが、川沿いの森林に棲み、その繁殖はほかの多くのフクロウ類の仲間と同様に樹洞でおこないます。

しかし、その大きな体が入り込めるだけの樹洞ができるのはやはり巨大な木で、かつて北海道が開拓される前は、ミズナラやハルニレなどの巨木が広く生い茂っていたため、シマフクロウもそれほど繁殖場所に困ることはなかったと思われます。しかし現在、そのような巨木はほとんど残っておらず、それがシマフクロウの個体数が減少する主要な原因の一つになっていました。

シマフクロウは世界最大のフクロウ類

シマフクロウ用の大型巣箱をかける

巨大巣箱かけで繁殖を手助け

そのため1980年代から、国（環境庁、現・環境省）が主体となり樹洞にかわってシマフクロウが繁殖する場所として、シマフクロウ用に開発された巣箱かけによる保護が始まりました。

巨大なフクロウであるシマフクロウが繁殖に利用する樹洞のかわりになる巣箱なので、巣箱も直径65

cm高さ90cmもある巨大な世界最大の巣箱です。この巣箱をかけるには相当な労力が必要ですが、

大型巣箱から外をのぞくシマフクロウの雛

これまでに多くの方々の努力で、生息可能な環境であるのに繁殖に適した自然の樹洞のない場所に、多くの巣箱がかけられました。その結果、シマフクロウの繁殖つがい数は徐々に増加に転じ、近年はそれまで繁殖が確認されていなかった場所でも繁殖が確認されるようになりました。現在では、約80％ものつがいが巣箱を利用しています。

シマフクロウが生息するためには、繁殖可能な樹洞以外にも、餌となる魚類が豊富に生息する河川が必要です。そのため、シマフクロウの繁殖つがい数は急には増加しませんが、繁殖環境の改善により徐々に状況がよくなってきています。巣箱による保護の成功例の一つといえます。

●竹中 健（たけなか たけし）
シマフクロウ環境研究会代表。大阪府生まれ。北海道大学卒業。学術博士（環境科学）。大学院生として河川環境の研究を行っていた1991年、シマフクロウに出会い、一瞬で魅了される。それ以後、シマフクロウを絶滅から守るために、生息環境や生態を研究するとともに、各生息地のモニタリング、巣箱の設置、行政機関の開発調整や提言など実践的な保護活動をおこなっている。環境省シマフクロウ保護増殖検討会委員。

巣箱を利用した鳥による農業への貢献

繁殖場所の提供による効果

鳥たちは彼らの日頃の仕事のなかで、餌として昆虫類を捕食したり、いわゆる雑草の種などを食べたりすることで、日頃わたしたちの気づかないところで、常にわたしたちの暮らしの質の向上のために役だってくれています。これを、巣箱をかけて鳥たちを積極的に利用することで、農業に大きく役だてることができます。

近年の健康志向と環境保護意識の高まりのため、減農薬の野菜などが人気となっていますが、こうした減農薬のためには、ふつうは野菜畑を細かく見て回るなどの手間がより必要になると思われ、場合によってはそれにより余分に人件費などがかかることもあると思われます。これらのことが、うまく鳥たちを利用することで、それほど大きな負担にはならずに解決できる可能性があるのです。

もっとも鳥たちは人間に利用されているとはもちろん思っておらず、むしろ巣箱という繁殖にまたとない場所を提供してもらったことで、人間に感謝していることでしょう。

このように、鳥も人も喜ぶことですから、おこなわない手はありません。

巣箱利用の鳥は限られている

しかし、巣箱を利用する鳥たちのところでも述べましたが、基本的に巣箱を利用する鳥たちの種類は、それほど多くはありません。そのなかで田畑の近くでも繁殖するとなると、さらに限られることになります。

基本的には、前述したように小鳥用巣箱ではスズメ、ムクドリ、シジュウカラ、ヤマガラの4種類程度であると考えてまちがいないと思います。それに、万能巣箱などでアオバズク、オオコノハズク、それにフクロウ、地域によっては、ブッポウソウや

NEST BOX WORLD

ムクドリはよく群れで行動する

餌をくわえるヤマガラ

葉陰のアオムシを見つけて食べるスズメ

シジュウカラは平地から山地までで広く生息

コムクドリ、コノハズクなどいくつかの種類が利用可能と思われます。

巣箱は利用しませんが、ツバメも全国的に分布し、利用可能な種類だと思われます。

農業に貢献する鳥と巣箱

比較的個体数が多く、もっとも農業に役だてやすいと思われるスズメ、シジュウカラ、ヤマガラは小鳥用巣箱で繁殖し、ムクドリは万能巣箱で繁殖します。そしてすべての種類が万能巣箱で繁殖します。

果樹園や畑などでネズミ類を駆除したいなら、次項で述べているとおり、フクロウの力を借りるとよいでしょう。巣箱はもちろんフクロウ用巣箱です。

このように、農業に役だてることが可能な鳥の種類はかならずしも多くありません。巣箱かけに適した木や場所があれば、巣箱の数は多少多めになってもいいのでかけることです。

「農業に役立ってもらう」など目的がはっきりしている場合、小鳥用巣箱だけよりも、万能巣箱も混在させるほうがより効果的です。

フクロウ用巣箱の架設で果樹園のネズミを抑制

報告2＝東 信行　ムラノ千恵

「ゴロスケホッホ」の鳴き声

昭和の終わり頃、バイクに乗って夜のリンゴ園を走っていた筆者の一人は、農道を横切る白い物体を見たのでした。その数3個。バイクを止め、おそるおそる近づいてみると、甲高い音が夜空に響き、一瞬緊張が走りました。

しばらくすると、「ゴロスケホッホ」という聞き慣れた鳴き声がして、その正体がフクロウであることに気づき、ほっとしたのでした。

青森県のリンゴ園では、かねてよりフクロウが繁殖することが知られていました。リンゴ栽培の歴史は長く、ていねいにリンゴ樹を管理し、品種を変更するさいにも、幹や太い枝は生かして接ぎ木でおこなっていたため、太い幹を持った古木が多くありました。これらの古木のなかには、払われた枝の切り口から樹洞が形成されることがあります。

じつはこの樹洞が多くの野生生物にとってよい巣穴となっていて、今回の主人公であるフクロウにとっても、貴重な繁殖場所となっていました。かつて日本にも豊富にあった原生林には古木がたくさん存在し、多くの動物たちに使われていたはずです。

しかし、現在では樹洞のあるような古くて大きな木はとても少なくなってしまい、樹洞を利用する動物たちは住宅難で困っているようです。リンゴ園はそんな生き物たちにとって棲み家を供給してくれる

大型巣箱をリンゴ園にかける

巣穴から様子をうかがう雛

巣箱で産卵

フクロウの雛

場所となっていたのです。

ネズミがもっともよい食料

もう一つフクロウにとってよい点がありました。農家には厄介者として嫌われているハタネズミが園地にたくさん棲みついているのです。

ハタネズミは草食性で、ときにリンゴ樹の皮や根を食べてしまい、樹を枯らしてしまいます。ところがフクロウにとっては、このネズミがもっともよい食料となっているため、子育て時期にも餌に困ることなくたくさんの子どもを安心して育てることができます。

しかし近年、リンゴ園の環境に変化が見られるようになりました。台風や大雪による古木の倒壊や新しいリンゴの生産形態である矮化《わいか》栽培の増加などによって、巣穴を持つリンゴ樹が減ってきたのです。そんななか、大学が主催した公開講座が開催され、リンゴ園のフクロウの話を紹介しました。一人の高齢の農家の方が講演のあとやってきて、津軽弁でこういうのです。

「最近フクロウを見なくなった。昔はもっとたくさんいたんだ。そのせいでネズミの被害が増えたんでねえべか？」

「巣箱作戦」でネズミの数を抑制

農家への聞き取りや農業被害統計などを調べてみると、たしかにハタネズミによる食害が増えている傾向が見られました。

そこで、農家と研究者との協働で「巣箱作戦」を始めることにし、弘前市の下湯口地区の農家の方々と作戦会議をおこないました。弘前市の協力も得て、1年目は30の巣箱を設置し、翌春から繁殖調査を開始しました。

巣箱は、1年目から予想以上に利用されました。同時にハタネズミの密度を調べてみると、驚くことに繁殖している巣箱周辺の園地ではネズミが激減しているのです。その後、わたしたちはネズミの個体数の動向を科学的に詳しく調べ、まちがいなくフクロウはハタネズミの数を抑制していることを証明することができました。

この話が紹介されると、地元から全国まで問い合わせが来るようになりました。農業被害の軽減をその場所に棲んでいる動物に手伝ってもらうことができたらいいなと考えていたわたしたちですが、それ以上に農家の方々や子どもたちが楽しんで巣箱づくりに参加し、春にフクロウの雛に会えることを喜んでいる様子を見て、この作戦を始めてよかったと感じています。

●東 信行（あずま のぶゆき）
弘前大学農学生命科学部教授。動物生態学・生態工学。北海道空知郡生まれ。東京大学大学院農学系研究科博士課程修了。動物の行動や生態に興味を持ち、小学生のときに動物学者をめざす。現在、鳥類や魚類を中心に研究をおこない、ヒトがつくった環境の生物多様性保全・再生にも力を入れている。

●ムラノ千恵（むらの ちえ）
岩手大学大学院連合農学研究科博士課程在学中（弘前大学配属）。動物生態学・野生生物管理学。青森県弘前市生まれ。東京大学農学部卒業。青森県のリンゴ農家に生まれ、大学卒業後は首都圏で生活していたが、家族でUターン移住。農耕地における農業生産と生態系管理のあり方を考える研究に携わる。

巣箱を生かした環境教育のすすめ方

巣箱は環境教育に最適なツール

学校教育や公民館活動などでの巣箱づくりや巣箱かけは、これまでにもよくおこなわれており、環境教育と具体的な保護活動としては最適なツールであると思われます。

しかしながら、そういった機関がおこなった巣箱かけが、かならずしもよいかけ方で巣箱がかけられていないことが多く、また、維持・管理などが考えられていない、そのときだけの巣箱づくりであったりして、結果的にマイナスに作用することが多かったことも事実と思います。

学校などの授業でつくる巣箱は、通常はシジュウカラなどの小鳥用巣箱です。巣箱をつくる時期ですが、可能なら４月のできるだけ早い時期がよいでしょう。

早ければ早いほどその年の繁殖期に巣箱が繁殖に利用される確率が高くなります。しかし、もし同じクラスで翌年も持ち上がりなどがあるのでしたら、秋に巣箱をかけるようにするのがもっともよいと思います。

集中して巣箱をかけないように

問題は、巣箱づくりよりも巣箱かけで、巣箱をかける場所がないのに巣箱をつくってもよくないとい

小学校で巣箱をつくる

樹間の広い林縁部が、巣箱かけの適地

うことです。この点が学校などでの授業でよくおこなわれる「巣箱のよくないかけ方」につながっているようです。

もっともよくあるのが、学校の敷地のなかや小規模な緑地などに、何個も集中して巣箱をかけることです。鳥たちに絶対に使われることのない巣箱のかけ方でかけてある巣箱が多くあります。おそらく巣箱をかけるのに適した木と場所がないのに、強引に巣箱をかけているからだと思われます。

せっかく巣箱をつくったのですから、だれもが鳥たちに利用してほしいと願っているはずで、残念なことです。

まわりの枝などを切り払い、明るくする

適した場所に適正数の巣箱をかけるように

事前に巣箱をかける場所を探す

そういったことを避けるために、巣箱のかけ方の項目で述べたように、巣箱をつくる前に、事前に巣箱をかけるのに適した場所を探しておくことをおすすめします。

子どもたちといっしょに、なぜそのような環境の場所が巣箱かけに適しているかなどを考えながら、場所探しをおこなうのがよいでしょう。天敵や、生物多様性についての話ができてよいと思います。そして、この本で紹介した理想的な巣箱をかける場所の数だけ、巣箱をつくるようにすればよいのです。

クラス内を、つくる巣箱の数に合わせて班分けして、巣箱づくりをおこなうようにします。心情的には、子どもの数だけ巣箱をつくらせてあげたいのですが、それも無理があるので、つくる巣箱の各作業工程のどこかで、みんなが加われるようにすればよいでしょう。

巣箱かけの作業までを入れると、相当多くの子どもたちが、どこかで作業に加わることができるはずです。学校は敷地も広いので、木や鋼管で組み立てた足場などで巣箱をかけるための柱を立ててもよいでしょう。

巣箱の出入りや給餌などを記録

巣箱で鳥たちが繁殖を始めたら、巣箱への出入りに気づいた日時をきちんと記録しておきましょう。巣づくりや抱卵する雌への雄の給餌などを静かに観察します。そして遠くからそっと見守ります。巣づくり中だったら、巣の内装として毛糸などを与えてみて、繁殖後の秋にそれらで巣がどのようにつくられたのかを見るのもおもしろいでしょう。

巣箱で繁殖するシジュウガラ

繁殖期の巣箱の観察項目

学校の授業での観察項目としては、以下のようなものが考えられます。

- **巣材としてなにを運んでいるか**
- **10分間の帰巣回数は何回か**
- **巣づくりや餌やりは、1日のうちで何時頃がもっとも多いか**
- **運んでいる餌の種類**
- **1日の給餌回数の推定**

などです。

学校は木の数も多く、大きな木があることも多いため、可能なら、ぜひ万能巣箱づくりと巣箱かけにもチャレンジしてみてください。アオバズクなどのフクロウ類が利用する可能性があります。

●**飯田知彦**（いいだ ともひこ）
鳥類学者で鳥類・生態系研究者。環境省委嘱希少野生動植物種保存推進員。農学博士。

1967年生まれ。広島県出身。九州大学大学院修了。幼少の頃から鳥類や昆虫類、植物などの研究に励み、高校時代に日本学生科学賞を受賞。専門は鳥類生態と生物多様性保護のための保全生物学。研究では、つねに人間にもっとも身近な動物である鳥類を自然界・生態系を代表する生物としてとらえ、人間と鳥類（生態系）の共存を考えている。

環境省、地方自治体、企業などで、クマタカや希少鳥類、希少生物などの保護検討委員やアドバイザーなどを多数務める。巣箱づくり、巣箱かけ指導、提唱の第一人者。平成27年度「みどりの日」自然環境功労者環境大臣表彰受賞。日本鳥学会鳥類保護委員。

著書に『巣箱づくりから自然保護へ』（創森社）がある。

http://kumataka-newpage.sakura.ne.jp/tiida.index.html

図解《ずかい》　巣箱《すばこ》のつくり方《かた》かけ方《かた》

2019年４月５日　第１刷発行
2022年４月12日　第２刷発行

著　　者――飯田知彦《いいだともひこ》

発 行 者――相場博也
発 行 所――株式会社 創森社
〒162-0805 東京都新宿区矢来町96-4
TEL 03-5228-2270　FAX 03-5228-2410
http://www.soshinsha-pub.com
振替00160-7-770406
組　　版――有限会社 天龍社
印刷製本――中央精版印刷株式会社

 ISBN978-4-88340-332-5 C0061